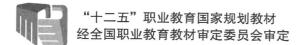

"十二五"职业教育国家规划教材
经全国职业教育教材审定委员会审定

21 世纪高等院校
云计算和大数据人才培养规划教材

U0191579

云计算和大数据技术

概念 应用与实战 第2版

王鹏 李俊杰 谢志明 石慧 黄焱 ◎ 编著

人 民 邮 电 出 版 社

北 京

图书在版编目（ＣＩＰ）数据

云计算和大数据技术：概念、应用与实战 ／ 王鹏等
编著. -- 2版. -- 北京：人民邮电出版社，2016.8（2023.1重印）
21世纪高等院校云计算和大数据人才培养规划教材
ISBN 978-7-115-42080-0

Ⅰ. ①云… Ⅱ. ①王… Ⅲ. ①计算机网络—数据处理
—高等学校—教材 Ⅳ. ①TP393

中国版本图书馆CIP数据核字(2016)第105738号

内 容 提 要

本书全面介绍云计算与大数据的基础知识、主要技术、基于集群技术的资源整合型云计算技术和基于虚拟化技术的资源切分型云计算技术。全书共 10 章，主要内容包括云计算基础与大数据基础、虚拟化技术和平台、MPI、Hadoop、HBase、Hive、Storm 和云存储系统 Swift。本书以"实践为主、理论够用"为原则，注重实用，实验丰富，将实验内容融合在课程内容中，使理论紧密联系实际。

本书主要面向高等院校计算机专业的学生，也可作为其他相关专业云计算、大数据相关课程的教材，以及 IT 类培训机构云计算与大数据等相关课程的培训教材和从事相关技术人员的参考书。

◆ 编　著　王　鹏　李俊杰　谢志明　石　慧　黄　焱
　　责任编辑　马小霞
　　责任印制　焦志炜

◆ 人民邮电出版社出版发行　　北京市丰台区成寿寺路 11 号
　　邮编　100164　　电子邮件　315@ptpress.com.cn
　　网址　http://www.ptpress.com.cn
　　北京捷迅佳彩印刷有限公司印刷

◆ 开本：787×1092　1/16
　　印张：12.5　　　　　　　　　2016 年 8 月第 2 版
　　字数：307 千字　　　　　　　2023 年 1 月北京第 14 次印刷

定价：35.00 元
读者服务热线：**(010)81055256**　印装质量热线：**(010)81055316**
反盗版热线：**(010)81055315**

前　言

本书 2013 年 8 月被教育部职业教育与成人教育司批准为"十二五"职业教育国家规划教材（教职成司函〔2013〕184 号），第 1 版于 2014 年 5 月出版。由于云计算技术和大数据技术发展迅猛、日新月异，尤其是在 2015 年 10 月教育部对普通高等学校高等职业教育（专科）专业目录进行修订的教职成〔2015〕10 号文件中明确将云计算技术与应用作为一个专业列入高职高专专业目录中。本书第 2 版增加了大约 30%的篇幅，并按照院校的教学与学习习惯对章节进行了全新的编排，对原有的内容进行全面改写及扩充，以确保能更好地反映云计算专业今后的学习和发展的方向。

为使第 2 版能更加贴近院校教学需求，本书在改版时不仅对读者进行了调查，还调研了使用本书第 1 版的多所高职高专院校。反馈回来的结果表明大家更希望的是"理论要精简，案例要经典，实验要步骤明确、易于实操"。因此，本书在改版时采用 "理论够用为度，突出实操实训环节"，删除了面向数据的高性能计算集群系统（HPCC）、服务器与数据中心、云计算大数据仿真技术章节，将集群系统基础中的部分内容调整到新版的第 1 章和第 2 章；增补了 XenServer、VMware vSphere 虚拟化平台的安装与部署、HBase、Hive 和 Swift 的实操实训内容，并对 MPI、Hadoop、Storm 做了较大篇幅的调整。本书紧扣实验环节，深入浅出，以任务驱动模式组织内容，让读者知其然并知其所以然。

本书由西南民族大学计算机科学与技术学院王鹏教授组织编写，是 2015 年广东省高等职业教育质量工程教育教学改革项目（课题编号：GDJG2015245）和高职教育信息技术教指委教改项目（课题编号：XXJZW2015002）、2016 年广东省高等教育学会高职高专云计算与大数据专业委员会教育科研课题（课题编号：GDYJSKT16-01、GDYJSKT16-03、GDYJSKT16-05）、汕尾职业技术学院 2014 年度资源精品共享课《云计算技术》（课题编号：swzyjpkc14002）、汕尾职业技术学院教学改革与科研立项课题（课题编号：SWKT15-002、SWKT16-002、swjy15-004、swjy15-016）、广州市教育科学规划课题（项目编号：1201420456）、模式识别与智能信息处理四川省高校重点实验室开放基金（课题编号：MSSB-2015-9）和成都市科技局创新发展战略研究项目（项目编号：11RKYB016ZF）的科研成果，本书还得到了广东省高职高专云计算与大数据专业委员会、西南民族大学、广州五舟科技股份有限公司、汕尾市创新工业设计研究院、淮阴师范学院的鼎力支持，同时也得到汕尾职业技术学院各处系领导、老师的支持和帮助，因为有了他们的支持和帮助，我们才能完成本书的撰写和出版工作。

云计算与大数据技术涉及面很广，在第 2 版的编写过程中部分章节及内容仍然继承了部分第 1 版编写工作者的经验与成果，同时，还参考并引用了大量前辈学者的研究成果和论述，对此编者向这些学者一并表示深深的敬意。云计算与大数据技术是一门高速发展的技术领域，新技术、新方法、新架构层出不穷，由于作者的经验和能力所限，本书的结构、内容肯定存在许多疏漏和不妥，望读者指正。

为方便读者学习、满足教学需要，本教材配备了大量的电子资源，欢迎读者登录人民邮电出版社教育服务与资源下载社区（http://www.ryjiaoyu.com）下载或登录并行计算实验室网站（http://www.qhoa.org）免费下载使用，同时还欢迎相关课程的教师加入云计算大数据 HPC 教育 QQ 群(321168742)讨论交流。读者还可以通过发送邮件给编者以获得更多资源（百度云盘和 360 云盘链接及提取码）。编者的 E-mail 是：gdswyun@126.com。

感谢您使用本书，期待本书能成为您的良师益友，也欢迎使用配套教材《云计算和大数据技术实战》（ISBN 978-7-115-39079-0）。

编 者

2016 年 3 月

第1版前言

　　计算技术的发展经历了从合到分，又从分到合的历程，这一发展历程中内在的推动力就是技术。最早的电子管计算机系统价格昂贵、体积巨大，计算资源只能被集中放在机房，随着芯片技术的发展，大规模集成电路技术使计算机的体积变得很小，同时微软视窗系统的出现使计算以前所未有的速度得到了普及，计算实现了由合到分的变化。分散的计算资源虽然给大家带来了方便，但同时也带来了资源的浪费，而且在需要进行计算时又可能会出现资源不够的情况，这时网络技术的发展使计算资源再次被集中存放于机房成为了可能。

　　计算技术的发展特别是网络技术的发展催生了云计算技术的出现，云计算技术的出现被广泛地认为是信息技术的一次重大变革，大量的与云计算相关的软件和系统架构如雨后春笋般出现。云计算技术将计算资源、存储资源以及相关各类广义的资源通过网络以服务的形式提供给资源的使用者，改变了传统信息技术架构中物理资源直接独占使用的模式，甚至从广义上讲只要是通过网络向用户提供服务的信息系统都被称为云计算系统。

　　云计算、物联网、社交网络的发展使人类社会的数据产生方式发生了变化，社会数据的规模正在以前所未有的速度增长，数据的种类五花八门，对海量、异构数据的存储、管理、分析和挖掘成为信息学科的热门领域，大数据技术逐渐进入人们的视野。

　　云计算与大数据出现以后，随着进入这个领域的企业和研究机构的大量增加，对于云计算、大数据技术的认识出现了大量不同的定义。如果我们把云计算看作是一种通过网络实现资源服务的模式的话，则云计算技术可以被认为是实现云计算模式的所有技术的总称，这些技术包括虚拟化技术、分布式计算技术、分布式存储技术、网络技术等，不少技术是互联网时代就已存在的技术。大数据技术涵盖数据的存储、管理、分析和挖掘，这些技术并不是新的技术门类。

　　在云计算与大数据概念的内涵还没有完全得到业界的一致认识时，云计算与大数据产业的高速发展却十分出人意料，大量的客户需要企业提供相关的系统解决方案，一些地方希望能建设云计算中心，云计算与大数据人才的需求呈现出一种井喷的局面，不少学校都在规划建立云计算与大数据专业或开设相关课程以满足日益增长的人才需求。云计算与大数据课程专业该"学什么、如何学"正是本教材需要回答的问题。

　　信息技术这些年的高速发展使信息学科的整个格局也发生了变化。例如，在高性能计算领域已存在很久的集群技术在云计算和大数据时代再次成为系统架构的核心技术；在传统数据中心主机租赁业务中得到广泛应用的服务器虚拟技术，在云计算时代因为桌面虚拟化的大量使用得到了极大的发展，成为云计算技术的重要应用之一。

　　本书作为云计算与大数据技术的一本综合入门课程，我们一直在思考什么样的人才可以被称为云计算与大数据人才，培养的学生的知识结构是怎么样的，云计算与大数据作为一个高速发展的学科哪些知识是必须要了解的。从课程角度本书并不是对某一项技术的专门介绍，而是希望为学习云计算与大数据技术的同学提供一个完整的知识框架，为今后深入学习打下基础。

本书主要包含两大技术方向：集群计算技术和虚拟化技术，分别介绍了两个技术方向中学生需要了解的基础知识和典型系统，使学生在面对技术的快速发展时能以不变应万变，避免出现在学校学的技术到工作岗位上由于技术进步而用不上的问题。书中所介绍的相关知识和技术都带有一定的普遍性和典型示范作用，在学习时重要的是要学习其中的系统思想。特别是我们在集群云计算系统中加入了基于消息传递机制高性能计算内容，消息传递机制揭示了集群系统中节点间协调工作和数据传输模式的本质，不少人在学习云计算与大数据技术时知其然而不知其所以然的原因就在于不了解集群工作的基本机制。基于消息传递机制高性能计算知识虽然可能在实际中用得不多，但却可以使我们了解集群的基本工作机制。

云计算与大数据技术涉及面很广，本书在编写过程中参考并引用了大量前辈学者的研究成果和论述，对此编者向这些学者表示敬意，没有这些学者的努力本书是不可能完成的。云计算与大数据技术是一门高速发展的技术领域，新技术、新方法、新架构层出不穷，也是在不断探索和研究的新学科，由于作者的经验和能力所限，本书的结构、内容肯定存在许多疏漏和错误，望读者指正。

任课老师可以登录人民邮电出版社教育服务与资源下载社区（www.ryjiaoyu.com）下载本书的 PPT 课件、教学大纲、实验操作视频等教学资源，读者也可以登录本书支持网站 http://www.qhoa.org，获取相关支持。

编　者

2013 年 12 月

目 录 CONTENTS

第 4 章　虚拟化平台　55

第 5 章　面向计算——MPI　80

第 6 章　分布式大数据系统——Hadoop　97

## PART 1

第 1 章
云计算基础

自从 2006 年谷歌公司 CEO 埃里克·施密特提出云计算概念后，云计算已经成为了全球关注度最高的 IT 词汇。随着信息技术水平的不断发展，云计算将会成为引领未来整个信息系统建设的主导者。

据 Occams Business 研究与咨询公司的预测，到 2020 年，全球云计算市场容量将从 2013 年的 900 亿美元增长到 6500 亿美元，复合增长率将达 29%。在云服务中，全球的平台即服务市场增长率最高，预计到 2020 年复合增长率将达 39%。在地理位置上，亚太地区是增长最快的地区，复合增长率将为 35%。云计算具有一体化的信息平台和运营平台，这种全新交付模式将会对 IT 界产生重大的影响，尤其是对那些传统的 IT 产业部门来说，该影响将是颠覆式的，其情形无异于给传统 IT 产业界带来了一场"地震"级的震撼。

1.1　云计算技术概述

1.1.1　云计算简介

云计算技术是硬件技术和网络技术发展到一定阶段而出现的一种新的技术模型，通常技术人员在绘制系统结构图时用一朵云的符号来表示网络，云计算因此而得名。云计算并不是对某一项独立技术的称呼，而是对实现云计算模式所需要的所有技术的总称。云计算技术的内容很多，包括分布式计算技术、虚拟化技术、网络技术、服务器技术、数据中心技术、云计算平台技术、分布式存储技术等；目前新出现的一些技术有 Hadoop、HPCC、Storm、Spark 等。从广义上说，云计算技术包括了当前信息技术中的绝大部分。

维基百科中对云计算的定义是：云计算是一种基于互联网的计算方式。通过这种方式，共享的软硬件资源和信息可以按需求提供给计算机和其他设备，它就像我们日常生活中用水和用电一样，按需付费，而无需关心水、电是从何而来的。

2012 年的国务院政府工作报告将云计算作为国家战略性新兴产业给出了定义：云计算是基于互联网的服务的增加、使用和交付模式，通常涉及通过互联网来提供动态、易扩展且经常是虚拟化的资源。云计算是传统计算机和网络技术发展融合的产物，它意味着计算能力也可作为一种商品通过互联网进行流通。

对于以上的定义，我们可以从非技术的角度将云计算理解为它是一种通过网络的资源整合输出模式，只要是为了达到资源整合输出这个目的的技术都可以被称为云计算技术。从定义中也可以看出网络在云计算技术中的重要性，如果没有网络的高速发展，则云计算这种模式是无法实现的。

云计算技术的出现改变了信息产业传统的格局。传统的信息产业企业既是资源的整合者又是资源的使用者，这就像一个电视机企业既要生产电视机还要生产发电机一样，这种格局并不符合现代产业分工高度专业化的需求，同时也不符合企业需要灵敏地适应客户的需要。传统的计算资源和存储资源大小通常是相对固定的，不能及时响应客户需求的不断变化，企业的计算和存储资源要么是被浪费，要么是面对客户峰值需求时力不从心。

云计算时代的 3 种基本角色为资源的整合运营者、资源的使用者、终端客户。资源的整合运营者就像是发电厂一样负责资源的整合输出，资源的使用者负责将资源转变为满足客户需求的各种应用，终端客户为资源的最终消费者。

云计算技术使资源与用户需求之间是一种弹性化的关系，资源的使用者和资源的整合者并不是一个企业，资源的使用者只需要对资源按需付费，从而敏捷地响应客户不断变化的资源需求，这一方法降低了资源使用者的成本，提高了资源的利用效率。

云计算这种新的模式的出现被认为是信息产业的一大变革，从而吸引了大量企业的注意力。国际巨头 IBM、微软、谷歌、DELL 等企业都在云计算领域进行了全面的布局，变革之时正是机会出现的时候，云计算的出现更是给国内企业一次重新布局的机会，可以看到国内的华为、中兴、腾讯、阿里、联想、浪潮、五舟等企业都相继提出自己的云计算战略规划，并在云计算技术和市场都进行了全面的布局。

云计算技术作为一项涵盖面广且对产业影响深远的技术，未来将逐步渗透到信息产业和其他产业的方方面面，并将深刻改变产业的结构模式、技术模式和产品销售模式，进而深刻影响人们的生活。云计算会逐步成为人们生活中必不可少的技术。同时移动互联网的出现使云计算应用走向了人们的指间，推动了云计算技术的应用发展，今后云计算将是一项随时、随地、随身为我们提供服务的技术。云计算的出现也将如电的发现一般，为信息产业的发展提供无限的想象空间，使应用的创新能力得到完全释放。

1.1.2 云计算的特点

为了理解云计算这个概念，只了解一个简单的定义是不够的，我们还需要利用云计算技术的特点来判断一个技术是否是云计算技术。与传统的资源提供方向相比，云计算具有以下特点。

1．资源池弹性可扩张

云计算系统的一个重要特征就是资源的集中管理和输出，这就是所谓的资源池。从资源低效率的分散使用到资源高效的集约化使用正是云计算的基本特征之一。分散的资源使用方法造成了资源的极大浪费，现在每个人都可能有一到两台自己的计算机，但对这种资源的利用率却非常的低，计算机在大量时间都是在等待状态或是在处理文字数据等低负荷的任务。资源集中起来后资源的利用效率会大大地提高，随着资源需求的不断提高，资源池的弹性化扩张能力成为云计算系统的一个基本要求，云计算系统只有具备了资源的弹性化扩张能力才能有效地应对不断增长的资源需求。大多数云计算系统都能较为方便地实现新资源的加入。

2．按需提供资源服务

云计算系统带给客户最重要的好处就是敏捷地适应用户对资源不断变化的需求，云计算系统实现按需向用户提供资源能大大节省用户的硬件资源开支，用户不用自己购买并维护大量固定的硬件资源，只需向自己实际消费的资源量来付费。按需提供资源服务使应用开发者在逻辑上可以认为资源池的大小是不受限制的，这就使应用软件的开发者拥有了更大的想象空间和创新空间，更多的有趣应用将在云计算时代被创造出来，应用开发者的主要精力只需要集中在自己的应用上。

3．虚拟化

现有的云计算平台的重要特点是利用软件来实现硬件资源的虚拟化管理、调度及应用。通过虚拟平台，用户使用网络资源、计算资源、数据库资源、硬件资源、存储资源等，与在自己的本地计算机上使用的感觉是一样的，相当于是在操作自己的计算机，而在云计算中利用虚拟化技术可大大降低维护成本和提高资源的利用率。

4．网络化的资源接入

从最终用户的角度看，基于云计算系统的应用服务通常都是通过网络来提供的，应用开发者将云计算中心的计算、存储等资源封装为不同的应用后往往会通过网络提供给最终的用户。云计算技术必须实现资源的网络化接入才能有效地向应用开发者和最终用户提供资源服务。这就像有了发电厂必须还要有输电线才能将电传送给用户。所以网络技术的发展是推动云计算技术出现的首要动力。目前一些企业将网络化的软件和硬件都称为云计算，就是因为网络化的资源接入方式是从最终用户角度能看到的云计算的重要特征之一，这些产品的称呼不一定准确，但却是对云计算特征的反映。

5．高可靠性和安全性

用户数据存储在服务器端，而应用程序在服务器端运行，计算由服务器端来处理。所有的服务分布在不同的服务器上，如果什么地方（节点）出问题就在什么地方终止它，另外再启动一个程序或节点，即自动处理失败节点，从而保证了应用和计算的正常进行。

数据被复制到多个服务器节点上有多个副本（备份），存储在云里的数据即使遇到意外删除或硬件崩溃也不会受到影响。

1.1.3　云计算技术分类

目前已出现的云计算技术种类非常多，云计算的分类可以有多种角度：从技术路线角度可以分为资源整合型云计算和资源切分型云计算；从服务对象角度可以被分为公有云和私有云、混合云和社区云；按资源封装的层次可以分为基础设施即服务（Infrastructure as a Service，IaaS）、平台即服务（Platform as a Service，PaaS）和软件即服务（Software as a Service，SaaS）。

1．按技术路线分类

（1）资源整合型云计算

这种类型的云计算系统在技术实现方面大多体现为集群架构，通过将大量节点的计算资源和存储资源整合后输出。这类系统通常能实现跨节点弹性化的资源池构建，核心技术为分布式计算和存储技术。MPI、Hadoop、HPCC、Storm 等都可以被分类为资源整合型云计算系统。

（2）资源切分型云计算

这种类型最为典型的就是虚拟化系统。这类云计算系统通过系统虚拟化实现对单个服务器资源的弹性化切分，从而有效地利用服务器资源。其核心技术为虚拟化技术。这种技术的优点是用户的系统可以不做任何改变接入采用虚拟化技术的云系统，是目前应用较为广泛的技术，特别是在桌面云计算技术上应用得较为成功；缺点是跨节点的资源整合代价较大。KVM、VMware 都是这类技术的代表。

2．按服务对象分类

（1）公有云（Public Cloud）

公有云是指面向公众的云计算服务，由云服务提供商运营。其目的是为终端用户提供从应用程序、软件运行环境，到物理基础设施等各种各样的 IT 资源。它对云计算系统的稳定性、安全性和并发服务能力有更高的要求。

（2）私有云（Private Cloud）

私有云是指企业自建自用的云计算中心，且具备许多公有云环境的优点。主要服务于某一组织内部的云计算服务，其服务并不向公众开放，如企业、政府内部的云服务。

（3）混合云（Hybrid Cloud）

混合云是把公有云和私有云结合在一起的方式。在这个模式中，用户通常将非企业关键信息外包，并在公有云上处理，而掌握企业关键服务及数据的内容则放在私有云上处理。

（4）社区云（Community Cloud）

社区云是公有云范畴内的一个组成部分。它由众多利益相仿的组织掌控及使用，其目的是实现云计算的一些优势，例如特定安全要求、共同宗旨等。社区成员共同使用云数据及应用程序。

目前，公有云引领着云市场，占据着大量的市场份额。采用公有云的一个主要原因是"按需付费"的成本效益模型。另外，它还通过优化运营、支持和维护服务给云服务供应商带来了规模经济。私有云市场使用规模公次于公有云，主要是因为它在安全性方面做得更好。混合云模型目前市场中占有份额较少，但未来发展空间巨大。社区云由于共同承担费用的用户数远比公有云少，因此也更贵，但隐私度、安全性和政策遵从都比公有云要高。用户可以根据其需求，选择一种适合自己的云计算模式。

3．按资源封装的层次分类

（1）基础设施即服务

把单纯的计算和存储资源不经封装地直接通过网络以服务的形式提供给用户使用。客户可以使用"基础计算资源"，如处理能力、存储空间、网络组件或中间件，并掌控操作系统、存储空间、已部署的应用程序及网络组件（如防火墙、负载平衡器等），但不掌控云基础架构。这类云计算服务用户的自主性较大，就像是自来水厂或发电厂一样直接将水电送出去。

这种方式可以满足非 IT 企业对 IT 资源的需求，同时还不需要花费大量资金购置服务器和雇佣更多的 IT 人员，使他们可以将自己的主要精力放在自己的主业上。同时，这种云服务还使用自动化技术来根据用户的业务量自动分配合适的服务器数量，用户不必为自己业务的扩展或者收缩而考虑 IT 资源是否合适。同时用户不必担心 IT 设施的折旧问题，只需根据自己的服务器使用量交付月租金即可。这类云服务的对象往往是具有专业知识能力的资源使用者，传统数据中心的主机租用等可能作为 IaaS 的典型代表。

（2）平台即服务

计算和存储资源经封装后，以某种接口和协议的形式提供给用户调用，资源的使用者不再直接面对底层资源。即资源的使用者不需要管理或控制底层的云基础设施，包括网络、服务器、操作系统、存储等；但客户能控制部署的应用程序，也可能控制运行应用程序的托管环境配置。PaaS 位于云计算的中间层，主要面向软件开发者或软件开发商，提供基于互联网的软件开发测试平台。软件开发人员可以通过基于 Web 等技术直接在云端编写自己的应用程序，同时也可以将自己的应用程序托管到这个平台上。例如，Google 的 App Engine 就是一个可伸缩的 Web 应用程序开发和托管平台，开发者可以在其平台上开发出自己的 Web 程序并发布，而不需要担心自己的服务器能否承担未知的访问量，这样的平台得到了一些小型创业企业的青睐。

另外，这样的云平台还提供大量的 API 或者中间件供程序开发者使用，大大缩短了程序开发的周期；同时，程序代码存储在云端可以很方便联合开发。最重要的是用户不必再担心自己发布的应用需要多少硬件支持，因为，云端可以满足一切。

（3）软件即服务

将计算和存储资源封装为用户可以直接使用的应用，并通过网络提供给用户。SaaS 面向的服务对象为最终用户，用户只是对软件功能进行使用，无需了解任何云计算系统的内部结构，也不需要用户具有专业的技术开发能力。软件即服务是一种服务观念的基础。软件服务供应商以租赁的概念提供客户服务，而非购买。比较常见的模式是提供一组账号密码。

SaaS 相对 IaaS、PaaS 来说应该不会太陌生，例如，和我们日常生活相关的微信、飞信、QQ 等都有对应 Web 版本，我们也不必担心软件的更新和维护等问题，只需通过 Web 就可以获得相应的服务。也许用户对于像 QQ 这类的小软件来说并不能完全体会到 SaaS 的优势，但对于那些中小型企业和他们需要的 ERP、CRM 等来说，SaaS 是一种福音。首先，企业不必花费巨额资金购买软件的使用权；其次，企业也不必花费资金构建机房和雇佣人员；再次，企业也不必考虑机器折旧和软件升级维护等问题。

如图 1-1 所示，云计算系统按资源封装的层次分为 IaaS、PaaS、SaaS，分为对底层硬件资源不同级别的封装，从而实现将资源转变为服务的目的。传统的信息系统资源的使用者通常是以直接占有物理硬件资源的形式来使用资源的；而云计算系统通过 IaaS、PaaS、SaaS 等不同层次的封装将物理硬件资源封装后，以服务的形式利用网络提供给资源的使用者。在这里，资源的使用者可能是资源的二次加工者，也可能是最终应用软件的使用者。通常 IaaS、PaaS 层面向的资源使用者往往是资源的二次加工者。这类资源的使用者并不是资源的最终消费者，他们将资源转变为应用服务程序后，以 SaaS 的形式提供给资源的最终消费者。实现对物理资源封装的技术并不是唯一的，目前不少的软件都能实现，甚至有的系统只有 SaaS 层，并没有进行逐层的封装。

云计算的服务层次是根据服务类型即服务集合来划分的，与大家熟悉的计算机网络体系结构中层次的划分不同。在计算机网络中每个层次都实现一定的功能，层与层之间有一定关联。而云计算体系结构中的层次是可以分割的，即某一层次可以单独完成一项用户的请求而不需要其他层次为其提供必要的服务和支持。

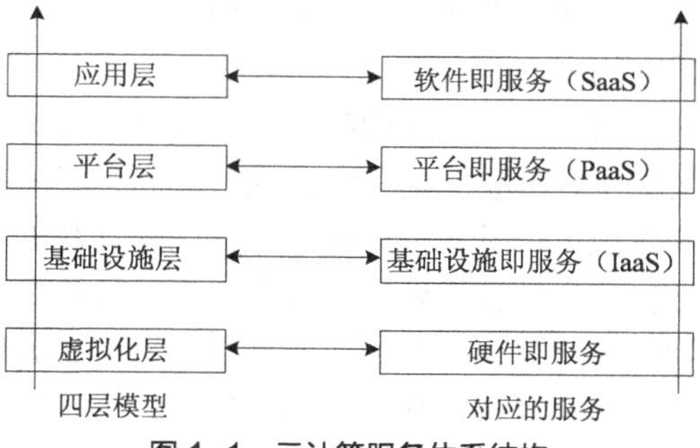

在云计算服务体系结构中各层次与相关云产品对应。

图 1-1　云计算服务体系结构

应用层对应 SaaS 软件即服务，如 Google APPS、SoftWare+Services、Microsoft CRM。
平台层对应 PaaS 平台即服务，如 IBM IT Factory、Google APP Engine、Force.com。
基础设施层对应 IaaS 基础设施即服务，如 Amazon EC2、IBM Blue Cloud、Rackspace。
虚拟化层对应硬件即服务结合 PaaS 提供硬件服务，包括服务器集群及硬件检测等服务。

1.1.4　计算机技术向现代信息技术演进的历程

回顾计算机技术的发展历程，可以清晰地看到计算机技术从面向计算逐步转变到面向数据的过程。从面向计算到面向数据是技术发展的必然趋势，并不能把云计算的出现归功于任何的个人和企业。这一过程的描述如图 1-2 所示，该图以时间为顺序对硬件、网络和云计算的演进过程进行了纵向和横向的对比。

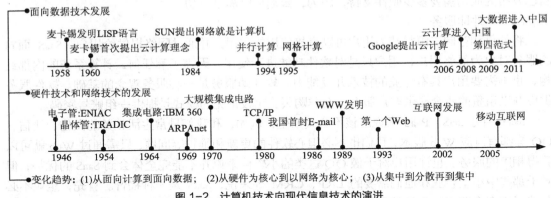

图 1-2　计算机技术向现代信息技术的演进

从图 1-2 中可以看到，在计算机技术的早期，由于硬件设备体积庞大，价格昂贵，数据的产生还是"个别"人的工作。这个时期的数据生产者主要是科学家或军事部门，他们更关注计算机的计算能力，计算能力的高低决定了研究能力和一个国家军事能力的高低。相对而言，由于这时数据量很小，数据在整个计算系统中的重要性并不突出。这时网络还没有出现，推动计算技术发展的主要动力是硬件的发展。这个时期是硬件的高速变革时期，硬件从电子管迅速发展到大规模集成电路。1969 年 ARPAnet 的出现改变了整个计算机技术的发展历史，网络逐步成为推动技术发展的一个重要力量。1989 年蒂姆·伯纳斯·李发明的万维网改变了信息的交流方式，特别是高速移动通信网络技术的发展和成熟，使现在数据的生产成为全球人的共同活动。人们生产数据不再是在固定时间和固定地点进行，而是随时随地都在产生数据。微博、博客、社交网、视频共享网站、即时通信等媒介随时都在生产着数据并被融入全球网络中。

从云计算之父约翰·麦卡锡提出云计算的概念，到大数据之父詹姆斯·尼古拉·格雷等人提出科学研究的第四范式，时间已经跨越了半个世纪。以硬件为核心的时代也是面向计算的时代。那时数据的构成非常简单，数据之间基本没有关联性，物理学家只处理物理实验数据，生物学家只处理生物学数据，计算和数据之间的对应关系是非常简单和直接的。这个时期研究计算和存储的协作机制并没有太大的实用价值。到了以网络为核心的时代数据的构成变得非常复杂，数据来源多样化，不同数据之间存在大量的隐含关联性。这时计算所面对的数据变得非常复杂，如社会感知、微关系等应用将数据和复杂的人类社会运行相关联，由于人人都是数据的生产者，人们之间的社会关系和结构就被隐含到了所产生的数据之中。数据的产生目前呈现出了大众化、自动化、连续化、复杂化的趋势。云计算、大数据概念正是在这样的一个背景下出现的。这一时期的典型特征就是计算必须面向数据，数据是架构整个系统的核心要素，这就使计算和存储的协作机制研究成为需要重点关注的核心技术，计算能有效找到自己需要处理的数据，可以使系统能更高效地完成海量数据的处理和分析。云计算和大数据这两个名词也可看作是描述了面向计算时代信息技术的两个方面，云计算侧重于描述

IT 资源和应用的网络化交付方法，大数据侧重于描述面向数据时代由于数据量巨大所带来的技术挑战。

1.2 集群系统概述

当前云计算技术领域存在两个主要技术路线，一个是基于集群技术的云计算资源整合技术，另一个是基于虚拟机技术的云计算资源切分技术。基于集群技术的云计算资源整合技术路线将分散的计算和存储资源整合输出，主要依托的技术为分布式计算技术。Google、Hadoop、Storm、HPCC 等系统都采用了集群技术，其资源整合是跨物理节点的。学习集群技术的基本知识对理解云计算与大数据技术有很好的作用，只有这样在学习时才能知其所以然。

1.2.1 集群系统的基本概念

并行计算发展到现在，集群架构成为了主流，首先提出云计算概念的 Google 公司，其系统的总体结构就是基于集群的，Google 公司的搜索引擎同样就是利用上百万的服务器集群构成的，这些服务器通过软件结合在一起，共同为遍布于全世界的用户提供服务。从云计算的角度看，Google 公司的系统整合了上百万的服务器计算和存储资源，通过网络通道将自己的搜索服务提供给用户。利用集群构建云计算系统为云计算资源池的整合提供了最大的想象力，资源池的大小没有任何原则上的限制。

集群系统是一组独立的计算机（节点）的集合体，节点间通过高性能的互连网络连接，各节点除了作为一个单一的计算资源供交互式用户使用外，还可以协同工作，并表示为一个单一的、集中的计算资源，供并行计算任务使用。集群系统是一种造价低廉、易于构建并且具有较好可扩放性的体系结构。

近年来，集群系统之所以发展如此迅速，主要是因有以下几点：

（1）作为集群节点的工作站系统的处理性能越来越强大，更快的处理器和更高效的多 CPU 机器将大量进入市场；

（2）随着局域网上新的网络技术和新的通信协议的引入，集群节点间的通信能获得更高的带宽和较小的延迟；

（3）集群系统比传统的并行计算机更易于融合到已有的网络系统中去；

（4）集群系统上的开发工具更成熟，而传统的并行计算机上缺乏一个统一的标准；

（5）集群系统价格便宜并且易于构建；

（6）集群系统的可扩放性良好，节点的性能也很容易通过增加内存或改善处理器性能获得提高。

集群系统具有以下重要特征：

（1）集群系统的各节点都是一个完整的系统，节点可以是工作站，也可以是 PC 或 SMP 器；

（2）互连网络通常使用商品化网络，如以太网、FDDI、光纤通道和 ATM 开关等，部分商用集群系统也采用专用网络互连；

（3）网络接口与节点的 I/O 总线松耦合相连；

（4）各节点有一个本地磁盘；

（5）各节点有自己完整的操作系统。

1.2.2　集群系统的分类

传统的集群系统可以分为以下 4 类。

1．高可用性集群系统

高可用性集群系统通常通过备份节点的使用来实现整个集群系统的高可用性，活动节点失效后备份节点自动接替失效节点的工作。高可用性集群系统就是通过节点冗余来实现的，一般这类集群系统主要用于支撑关键性业务的需要，从而保证相关业务的不间断服务。

2．负载均衡集群系统

负载均衡集群系统中所有节点都参与工作，系统通过管理节点（利用轮询算法、最小负载优先算法等调度算法）或利用类似一致性哈希等负载均衡算法实现整个集群系统内负载的均衡分配。

3．高性能集群系统

高性能集群系统主要是追求整个集群系统计算能力的强大，其目的是完成复杂的计算任务，在科学计算中常用的集群系统就是高性能集群系统，目前物理、生物、化学等领域有大量的高性能集群系统提供服务。

4．虚拟化集群系统

在虚拟化技术得到广泛使用后，人们为了实现服务器资源的充分利用和切分，将一台服务器利用虚拟化技术分割为多台独立的虚拟机使用，并通过管理软件实现虚拟资源的分配和管理。这类集群系统称为虚拟集群系统，其计算资源和存储资源通常是在一台物理机上。利用虚拟化集群系统可以实现虚拟桌面技术等云计算的典型应用。

目前基于集群系统结构的云计算系统往往是几类集群系统的综合，集群系统式云计算系统既需要满足高可用性的要求又尽可能地在节点间实现负载均衡，同时也需要满足大量数据的处理任务，所以像 Hadoop、HPCC 这类云计算大数据系统中前三类集群系统的机制都存在。而在基于虚拟化技术的云计算系统中采用的往往是虚拟化集群系统。

1.3　分布式系统中计算和数据的协作机制

计算和存储也是云计算系统研究的核心问题，分布式系统中计算和数据的协作关系非常重要，在分布式系统中实施计算都存在计算如何获得数据的问题，在面向计算时代这一问题并不突出，在面向数据时代计算和数据的协作机制问题就成为了必须考虑的问题。通常这种机制的实现与系统的架构有紧密的关系，系统的基础架构决定了系统计算和数据的基本协作模式。下面以几种常见的分布式系统为例对其计算和数据的协作机制进行分析对比。

1.3.1　基于计算切分的分布式计算

在硬件为核心的时代，高性能计算从 Cray C-90 为代表的并行向量处理机发展到以 IBM R50 为代表的对称多处理器机（SMP）最终到工作站集群（COW）及裴欧沃夫（Beowulf）集群结构，这一过程对应的正是 CPU 等硬件技术的高速发展，可以采用便宜的工作站甚至通用的 PC 来架构高性能系统，完成面向计算的高性能计算任务。

基于消息传递机制的并行计算技术（Message-Passing Interface，MPI）帮助工作站集群和 Beowulf 集群实现强大的计算能力，提供了灵活的编程机制。MPI 的标准化开始于 1992 年 4 月，美国并行计算研究中心在弗吉尼亚的威廉斯堡召开消息传递标准的讨论会，讨论了消息传递接口的一些重要基本特征，组建了一个制定消息传递接口标准的工作组，在 1993 年 2 月完成了修订版，这就是 MPI 1.0。1997 年，MPI 论坛发布了一个修订标准，叫 MPI-2，同时原来的 MPI 更名为 MPI-1。MPICH 为 MPI 标准的一个开源实现，目前已被广泛应用于高性能计算领域。

MPI 将大量的节点通过消息传递机制连接起来，从而使节点的计算能力聚集成为强大的高性能计算，主要面向计算密集的任务。MPI 提供 API 接口，通过 MPI_Send() 和 MPI_Recv() 等消息通信函数实现计算过程中数据的交换。高性能计算是一种较为典型的面向计算的系统，通常处理的是计算密集型任务，因此在基于 MPI 的分布式系统中并没有与之匹配的文件系统支持，计算在发起前通过 NFS 等网络文件系统从集中的存储系统中读出数据并用于计算。基于 MPI 的分布式系统的典型系统结构如图 1-3 所示。

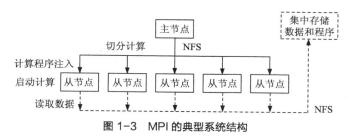

图 1-3 MPI 的典型系统结构

如图 1-3 所示，典型的利用 MPI 实现的分布式计算系统在发起计算时首先将计算程序由主节点通过 NFS 等网络共享文件系统分发到各子节点内存启动计算，由于没有分布式文件系统的支持，MPI 一般不能直接从节点存储设备上读取数据，计算程序在子节点发起后只有通过网络共享文件读取需要处理的数据来进行计算，在这里数据和计算程序一般都是被集中存储在阵列等专门的存储系统中。这一过程并没有计算寻找数据的过程，计算程序只是按设计要求先被分发给了所有参与计算的节点。在进行 MPI 并行程序设计时，程序设计者需要事先将计算任务本身在程序中进行划分，计算程序被分配到节点后根据判断条件启动相应的计算工作，计算中需要进行节点间的数据交换时通过 MPI 提供的消息传递机制进行数据交换。由于 CPU 的运行速度远远大于网络数据传输的速度，所以希望不同节点间的任务关联性越小越好。在 MPI 的编程实践中，坚持"用计算换数据通信"的原则，使系统尽可能少地进行数据交换。MPI 的消息传递机制为计算的并行化提供了灵活的方法，但目前对于任意问题的自动并行化并没有非常有效的方法，因此计算的切分工作往往需要编程人员根据自己的经验来完成。这种灵活性是以增加编程的难度为代价的。

基于 MPI 的高性能计算是一种典型的面向计算的分布式系统。这种典型的面向计算的系统往往要求节点的计算能力越强越好，从而降低系统的数据通信代价。MPI 的基本工作过程可以总结为切分计算，注入程序，启动计算，读取数据。MPI 虽然是典型的面向计算的分布式系统，但它也有类似于后来 Google 系统中的 MapReduce 能力，如 MPI 提供 MPI_Reduce() 函数实现 Reduce 功能，只是没有像 GFS 的分布式文件系统的支持。MPI 的 Reduce 能力是相对有限而低效的，并不能实现计算在数据存储位置发起的功能。

通常将 MPI 这样以切分计算实现分布式计算的系统称为基于计算切分的分布式计算系统。这种系统计算和存储的协作是通过存储向计算的迁移来实现的，也就是说系统先定位计算节点再将数据从集中存储设备通过网络读入计算程序所在的节点，在数据量不大时这种方法是可行的，但对于海量数据读取来说，这种方式会很低效。

1.3.2　基于计算和数据切分的混合型分布式计算技术——网格计算

硬件和网络发展到一定阶段后，由于硬件价格降低，使大多数人都有了自己的个人计算机，但却出现了一方面一些需要大量计算的任务资源不够，另一方面大量个人计算机闲置的问题。得益于网络的发展，网格技术正好是在这个时期解决这一矛盾的巧妙方法。人们对网格技术的普遍理解是：将分布在世界各地的大量异构计算设备的资源整合起来，构建一个具有强大计算能力的超级计算系统。

网格计算出现于 20 世纪 90 年代，网格出现的历史背景是当时全世界已有了初步的网络，硬件价格还较高，个人计算机已逐步普及，但在面对海量计算时，当时的计算中心还是显得力不从心，利用世界各地闲置的计算资源构建一个超级计算资源池具有了可能性。"计算网格是提供可靠、连续、普遍、廉价的高端计算能力的软硬件基础设施"。建立于 1998 年的全球网格论坛（GGF）在 2006 年与企业网格联盟（EGA）合并成为开放式网格论坛（OGF），这一组织的目标是为网格计算定义相关的开放标准。美国 Argonne 国家实验室与南加州大学信息科学学院合作开发的 Globus 工具包实现了这些标准，这个工具箱已经成为网格中间件事实上的标准。

一种典型的被大家所熟悉的网格架构如图 1-4 所示。

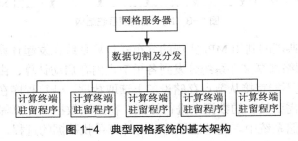

图 1-4　典型网格系统的基本架构

图 1-4 所示的网格系统往往事先会将计算程序以某种形式安装（如屏幕保护程序）在异构计算终端服务器上，用于监控计算终端的工作状态，当计算终端空闲时就会启动计算程序对数据进行处理，网格服务器则负责切分数据向计算终端分发数据并汇总计算结果。网格系统的数据逻辑上也是集中存储的，网格服务器负责切分数据并向计算终端传送需要计算的数据块。在这种系统结构下计算和数据的协作机制是通过数据来寻找计算实现的，即在网格中移动的主要是数据而不是计算，这种情况在数据量较小时是容易实现的。但如果需要处理的数据量很大，这种以迁移数据为主的方法就显得很不方便了。在网格系统中计算是先于数据到达计算终端的，这与 MPI 十分相似，数据由计算程序主动发起请求获得，从而实现计算和数据的一致性。总的来看，网格系统既具有面向数据系统中切分数据来实现分布式计算的思想，又具有面向计算的系统中计算向数据迁移的特征。所以典型的网格系统是一种既有面向数据又有面向计算特征的混合系统，完成的任务主要还是计算密集的需要高性能计算的任务，应用领域主要是在科学计算等专业的领域。这里比较著名的网格项目就是外星文明搜索计划（Search for Extra-Terrestrial Intelligence，SETI），应用于该计划的 SETI@home 网格将计算程序制作为屏幕保护程序，借用网络上闲置的计算资源，在计算终端空闲时向网格服务器请求切分好的数据块，并对该数据块进行计算，计算完成后将结果返回给网格服务器汇总。

随着面向数据逐步成为计算发展的主流，网格技术也在不断改变，Globus 也面向大数据进行了相应的改变以适应当前的实际需求，网格技术现在已呈现出全面向云计算靠拢的趋势。

而作为典型的网格技术可以被认为是从面向计算走向面向数据发展过程中的过渡性技术，网格计算会在专业领域获得更好的发展但可能会在一定程度上淡出普通用户的视野，网格计算的一些思想和技术为后来云计算技术的出现提供了可以借鉴的方法。

1.3.3　基于数据切分的分布式计算技术

进入网络高速发展的时期，数据的产生成为了全民无时无刻不在进行的日常行为，数据量呈现出了爆炸式增长，大数据时代到来，数据的作用被提到很高的地位，人们对数据所能带来的知识发现表现出了强烈的信心。长期以来数据挖掘技术的应用一直都处于不温不火的状态，大数据时代的到来也使这一技术迅速地被再次重视起来，基于海量数据的挖掘被很快应用于网页数据分析、客户分析、行为分析、社会分析，现在可以经常看到被准确推送到自己计算机上的产品介绍和新闻报道就是基于这类面向数据的数据挖掘技术的。基于数据切分实现分布式计算的方法在面向计算时代也被经常使用，被称为数据并行(data parallel)方法，但在面向计算时代真正的问题在于计算和数据之间只是简单的协作关系，数据和计算事实上并没有很好地融合，计算只是简单读取其需要处理的数据而已，系统并没有太多考虑数据的存储方式、网络带宽的利用率等问题。

通过数据切分实现计算的分布化是面向数据技术的一个重要特征，2003 年 Google 逐步公开了它的系统结构，Google 的文件系统 GFS 实现了在文件系统上就对数据进行了切分，这一点对利用 MapReduce 实现对数据的自动分布式计算非常重要，文件系统自身就对文件进行了自动的切分，完全改变了分布式计算的性质，MPI、网格计算都没有相匹配的文件系统支持，从本质上看数据都是集中存储的，网格计算虽然有数据切分的功能，但只是在集中存储前提下的切分。具有数据切分功能的文件系统是面向数据的分布式系统的基本要求。

2004 年杰弗里·迪恩和桑杰·格玛沃尔特发表文章描述了 Google 系统的 MapReduce 框架。与 MPI 不同。这种框架通常不是拆分计算来实现分布式处理，而是通过拆分数据来实现对大数据的分布式处理。MapReduce 框架中，分布式文件系统是整个框架的基础，如图 1-5 所示。这一框架下的文件系统一般将数据分为 128MB 的块进行分布式存放，需要对数据进行处理时将计算在各个块所在的节点直接发起，避免了从网络上读取数据所耗费的大量时间，实现计算主动"寻找"数据的功能，大大简化了分布式处理程序设计的难度。在这里数据块被文件系统预先切分是 MapReduce 能自动实现分布式计算的重要前提，系统通过主节点的元数据维护各数据块在系统中存储的节点位置，从而使计算能有效地找到所需要处理的数据。MapReduce 这种大块化的数据拆分策略非常适合对大数据的处理，过小的数据分块会使这一框架在进行数据处理时的效率下降。这一框架在获得良好的大数据并行处理能力的时候也有其应用的局限，MapReduce 框架在对同类型大数据块进行同类型的计算处理时具有非常好的自动分布式处理能力，但在数据较小、数据类型复杂、数据处理方式多变的应用场景效率相对低下。为了实现 Google 系统良好的计算和数据的协作机制，GFS 和 MapReduce 是密不可分的，没有 GFS 支持单独的采用 MapReduce 是没有太大价值的。

MapReduce 框架使计算在集群节点中能准确找到所处理的数据所在节点，位置的前提是所处理的数据具有相同的数据类型和处理模式，从而可以通过数据的拆分实现计算向数据的迁移。事实上这类面向数据系统的负载均衡在其对数据进行分块时就完成了，系统各节点的处理压力与该节点上的数据块的具体情况相对应，因此 MapReduce 框架下某一节点处理能力低下可能会造成系统的整体等待形成数据处理的瓶颈。在 MapReduce 框架下节点服务器主要是完成基本的计算和存储功能，因此可以采用廉价的服务器作为节点。这一变化改变了人们对传统服务器的看法。2005 年 Apache 基金会以 Google 的系统为模板启动了 Hadoop 项目，Hadoop 完整地实现了上面描述的面向数据切分的分布式计算系统，对应的文件系统为 HDFS，Hadoop 成为了面向数据系统的一个被广泛接纳的标准系统。

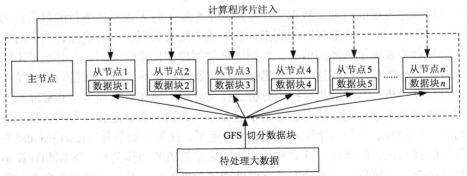

图 1-5　基于数据切分的分布式系统结构

　　数据分析技术是基于数据切分的分布式系统的研究热点。对类似于 Web 海量数据的分析需要对大量的新增数据进行分析，由于 MapReduce 框架无法对以往的局部、中间计算结果进行存储，MapReduce 框架只能对新增数据后的数据集全部进行重新计算，以获得新的索引结果，这样的计算方法所需要的计算资源和耗费的计算时间会随着数据量的增加而线性增加。Percolator 是一种全新的架构，可以很好地用于增量数据的处理分析，已在 Google 索引中得到应用，并大大提升了 Google 索引更新速度，但与 MapReduce 等非增量系统不再兼容，并且编程人员需要根据特定应用开发动态增量的算法，使算法和代码复杂度大大增加。Incoop 提出了增量 Hadoop 文件系统(Inc-HDFS)，HDFS 按照固定的块大小进文件划分，而 Inc-HDFS 则根据内容进行文件划分，当文件的内容发生变化时，只有少量的文件块发生变化，大大减少了 Map 操作量。

　　迭代操作是 PageRank、K-means 等 Web 数据分析的核心操作，MapReduce 作为一种通用的并行计算框架，其下一步迭代必须等待上一步迭代完成并把输出写入文件系统才能进行，如果有终止条件检查也必须等待其完成。同时，上一步迭代输出的数据写入文件系统后马上又由下一步迭代读入，导致了网络带宽、I/O、CPU 时间的浪费。iHadoop 在分析了迭代过程存在的执行相关、数据相关、控制相关之后，对潜在的可并行性进行了挖掘，提出了异步迭代方式，比 Hadoop 实现的 MapReduce 执行时间平均减少了 25%。Twister 对 MapReduce 的任务复用、数据缓存、迭代结束条件判断等进行调整以适合迭代计算，但其容错机制还很欠缺。

　　Pregel 是 Google 提出专用于解决分布式大规模图计算的计算模型，非常适合计算如 FaceBook 等社交关系图分析，其将处理对象看成是连通图，而 MapReduce 将处理对象看成是 Key-Value 对；Pregel 将计算细化到顶点，而 MapReduce 将计算进行批量化，按任务进行循环迭代控制。

　　在分布式文件系统条件下，数据的切分使对文件的管理变复杂，此类集群系统下文件系统的管理和数据分析是需要进行重点关注的研究领域之一。

1.3.4　三种分布式系统的分析对比

从面向计算发展到面向数据，分布式系统的主要特征也发生了变化，表 1-1 对 3 种典型的分布式系统进行了对比和分析。从表中可以看出分布式系统的发展大体分为了三种类型：面向计算的分布式系统、混合型分布式系统和面向数据的分布式系统。其中混合型分布式系统是发展过程中的一个中间阶段，它同时具有面向计算和面向数据的特征，如混合型系统中也存在数据拆分这类面向数据系统的典型特征，但却是以集中式的存储和数据向计算迁移的方式实现计算和数据的位置一致性。对于面向数据的分布式系统往往有对应的分布式文件系统的支持，从文件存储开始就实现数据块的划分，为数据分析时实现自动分布式计算提供了可能，计算和数据的协作机制在面向数据的系统中成为了核心问题，其重要性凸显出来。

表 1-1　3 种分布式系统的对比

	面向计算的分布式系统	混合型分布式系统	面向数据的分布式系统
分布式计算的实现方法	计算拆分	数据拆分	数据拆分
典型的存储方式	集中存储	集中存储	分布式存储
计算与数据的位置一致性关系	数据向计算迁移	数据向计算迁移	计算向数据迁移
并行程序开发难度	难	N/A	易
应用场景	计算密集	计算密集	数据密集
负载均衡方式	CPU 参数均衡	CPU 参数均衡，数据块均衡	数据块均衡
主要应用领域	专业领域	专业领域	普通领域
典型系统	MPI，高性能计算	网格计算，高性能计算	Hadoop、Dyname、Cassandra、Google

由于面向计算的分布式系统具有灵活和功能强大的计算能力，能完成大多数问题的计算任务，而面向数据的分布式系统虽然能较好地解决海量数据的自动分布式处理问题。但目前其仍是一种功能受限的分布式计算系统，并不能灵活地适应大多数的计算任务，因此现在已有一些研究工作在探讨将面向计算的分布式系统与面向数据分布式系统进行结合，希望能在计算的灵活性和对海量数据的处理上都获得良好的性能。目前技术的发展正在使面向计算和面向数据的系统之间的界限越来越不明确，很难准确地说某一个系统一定是面向计算的还是面向数据的系统，数据以及面向数据的计算在云计算和大数据时代到来时已紧密结合在了一起，计算和数据的协作机制问题也成为重要的研究课题。

特别是高性能的计算集群（High Performance Computing Cluster，HPCC）系统的出现，表明这一融合过程正在成为现实，HPCC 系统是律商联讯（LexisNexis）公司开发的面向数据的开源高性能计算平台。HPCC 采用商品化的服务器构建的面向大数据的高性能计算系统，HPCC 系统希望能结合面向数据和面向计算系统的优点，既能解决大数据的分布式存储问题，又能解决面向大数据的数据处理问题。

HPCC 系统主要由数据提取集群（Thor），数据发布集群（Roxie）和并行编程语言

(Enterprise Control Language，ECL)组成。其中 Thor 集群是一个主从式集群，这一集群有一个能实现冗余功能的分布式文件系统 Thor DFS 支持，主要完成大数据的分析处理。从类比的角度可以将这一部分看成是一个有分布式文件系统支持的 MPI，这一点正好弥补了 MPI 没有分布式文件系统支持的弱点。在 HPCC 系统中高性能计算和大数据存储的融合再次提示：计算和数据的协作问题是解决面向数据时代大数据分析处理问题中的一项关键技术。

1.4　云计算与物联网

云计算和物联网在出现的时间上非常接近，以至于有一段时间云计算和物联网两个名词总是同时出现在各类媒体上。物联网的出现部分得益于网络的发展，大量传感器数据的收集需要良好的网络环境，特别是部分图像数据的传输更是对网络的性能有较高的要求。在物联网技术中传感器的大量使用使数据的生产实现自动化，数据生产的自动化也是推动当前大数据技术发展的动力之一。物联网（The Internet of Things，IOT）就是"物物相连的互联网"。这有两层意思：第一，物联网的核心和基础仍然是互联网，是在互联网基础之上的延伸和扩展的一种网络；第二，其用户端延伸和扩展到了任何物品与物品之间的信息交换和通信。因此，物联网是：通过射频识别（RFID）装置、红外感应器、全球定位系统、激光扫描器等信息传感设备，按约定的协议，把任何物品与互联网相连接，进行信息交换和通信，以实现智能化识别、定位、跟踪、监控和管理的一种网络。明确的物联网概念最早是由美国麻省理工大学 Auto-ID 实验室在 1999 年提出的，最初是为了提高基于互联网流通领域信息化水平而设计的。物联网这个概念可以认为是对一类应用的称呼，物联网与云计算技术的关系从定义上讲是应用与平台的关系。

物联网系统需要大量的存储资源来保存数据，同时也需要计算资源来处理和分析数据，当前我们所指的物联网传感器连接呈现出以下的特点：

- 连接传感器种类多样；
- 连接的传感器数量众多；
- 连接的传感器地域广大。

这些特点都会导致物联网系统会在运行过程中产生大量的数据，物联网的出现使数据的产生实现自动化。大量的传感器数据不断地在各个监控点产生，特别是现在信息采样的空间密度和时间密度不断增加，视频信息的大量使用，这些因素也是目前导致大数据概念出现的原因之一。

物联网的产业链可以细分为标识、感知、处理和信息传送 4 个环节，每个环节的关键技术分别为 RFID、传感器、智能芯片和电信运营商的无线传输网络。云计算的出现使物联网在互联网基础之上延伸和发展成为可能。物联网中的"物"，在云计算模式中，它相当于是带上传感器的云终端，与上网本、手机等终端功能相同。这也是物联网在云计算日渐成熟的今天，重新被激活的原因之一。

新的平台必定造就新的物联网，将云计算的特点与物联网的实际相结合，云计算技术将给物联网带来以下深刻的变革。

（1）解决服务器节点的不可靠性问题，最大限度地降低服务器的出错率。近年来，随着物联网从局域网走向城域网，其感知信息也呈指数型增长，导致服务器端的服务器数目呈线性增长。服务器数目多了，节点出错的概率肯定也随之变大，更何况服务器并不便宜。如今商场如战场，节点不可信问题使得一般的中小型公司要想独自撑起一片属于自己的天空难上加难。

而在云计算模式中，因为"云"有成千上万，甚至上百万台服务器，即使几台服务器同时死机，"云"中的服务器也可以在很短的时间内，利用冗余备份、热拔插、RAID 等技术快速恢复服务。

例如，Google 公司不再是一味追求单个服务器的性能参数，而是更多地关注如何用堆积如山的集群来弥补单个服务器的性能不足。在对单个服务器性能要求的降低的同时也减少了相应的资金需求。至于对于宕机的服务器，Google 采用的是直接换掉。云计算集群的加入，能够保证物联网真正实现无间断的安全服务。

（2）低成本的投入可以换来高收益，让限制访问服务器次数的瓶颈成为历史。服务器相关硬件资源的承受能力都是有一定范围的，当服务器同时响应的数量超过自身的限制时，服务器就会崩溃。而随着物联网领域的逐步扩大，物的数量呈几何级增长，而物的信息也呈爆炸性增长，随之而来的访问量空前高涨。

因此，为了让服务器能安全可靠地运行，只有不断增加服务器的数量和购买更高级的服务器，或者限制同时访问服务器的数量。然而这两种方法都存在致命的缺点：服务器的增加，虽能通过大量的经费投入解决一时的访问压力，但设备的浪费却是巨大的。而采用云计算技术，可以动态地增加或减少云模式中服务器的数量和提高服务质量，这样做不仅可以解决访问的压力，还经济实惠。

（3）让物联网从局域网走向城域网甚至是广域网，在更广的范围内进行信息资源共享。局域网中的物联网就像是一个超市，物联网中的物就是超市中的商品，商品离开这个超市到另外的超市，尽管它还存在，但服务器端内该物体的信息会随着它的离开而消失。其信息共享的局限性不言而喻。

但通过云计算技术，物联网的信息直接存放在 Internet 的"云"上，而每个"云"有几百万台服务器分布在全国甚至是全球的各个角落。无论这个物走到哪儿，只要具备传感器芯片，"云"中距离最近的服务器就能收到它的信息，并对其信息进行定位、分析、存储、更新。用户的地理位置也不再受限制，只要通过 Internet 就能共享物体的最新信息。

（4）将云计算与数据挖掘技术相结合，增强物联网的数据处理能力，快速做出商业抉择。伴随着物联网应用的不断扩大，业务应用范围从单一领域发展到所有的各行各业，信息处理方式从分散到集中，产生了大量的业务数据。

运用云计算技术，由云模式下的几百万台计算机集群提供强大的计算能力，并通过庞大的计算机处理程序自动将任务分解成若干个较小的子任务，快速地对海量业务数据进行分析、处理、存储、挖掘，在短时间内提取出有价值的信息，为物联网的商业决策服务。这也是将云计算技术与数据挖掘技术相结合给物联网带来的一大竞争优势。

任何技术从萌芽到成型，再到成熟，都需要经历一个过程。云计算技术作为一项有着广泛应用前景的新兴前沿技术，尚处于成型阶段，自然也面临着一些问题。

首先是标准化问题。虽然云平台解决的问题一样，架构一样，但基于不同的技术、应用，其细节很可能完全不同，从而导致平台与平台之间可能无法互通。目前在 Google、EMC、Amazon 等云平台上都存在许多云技术打造的应用程序，却无法跨平台运行。这样一来，物联网的网与网之间的局限性依旧存在。

其次是安全问题。物联网从专用网到互联网，虽然信息分析、处理得到了质的提升，但同时网络安全性也遇到了前所未有的挑战。Internet 上的各种病毒、木马以及恶意入侵程序让架设在云计算平台上的物联网处于非常尴尬的境地。

云计算作为互联网全球统一化的必然趋势，其统一虚拟的基础设施平台，方便透明的上层调用接口，计算信息的资源共享等特点，完全是在充分考虑了各行各业的整合需求下才形成的拯救互联网的诺亚方舟。尽管目前云计算的应用还处在探索测试阶段，但随着物联网界对云计算技术的关注以及云计算技术的日趋成熟，云计算技术在物联网中的广泛应用指日可待。

练习题

1. 云计算技术是_____和_____发展到一定阶段而出现的一种新的技术模型，通常技术人员在绘制系统结构图时用_____符号来表示网络。

2. 与传统的资源提供方式相比，云计算具有什么特点？

3. 按照资源封装层次，云计算可分为_____、_____和_____三种类型。

4. 云计算技术领域存在两个主要技术路线，一个是_____，另一个是_____。

5. 什么是集群系统？集群系统的主要重要特征有哪些？

6. 传统的集群系统可以分为_____、_____、_____和_____4类。

7. 简述面向计算的分布式系统、混合型分布式系统、面向数据的分布式系统的实现机制，分析三种系统的区别。

8. 什么是物联网？云计算技术给物联网带来的变革有哪些？

PART 2

第 2 章
大数据基础

近年来，大数据引起了产业界、科技界和政府间门的高度关注。2012 年 3 月 22 日，奥巴马宣布美国政府投资 2 亿美元启动"大数据研究和发展计划（Big Data Research and Development Initiative）"。这是继 1993 年美国宣布"信息高速公路"计划后的又一次重大科技发展部署。美国政府认为，大数据是"未来的钻石矿和新石油"，并将对大数据的研究上升为国家意志，这对未来的科技与经济发展必将带来深远影响。

人、机、物三元世界的高度融合引发了数据规模的爆炸式增长和数据模式的高度复杂化，世界已进入网络化的大数据（Big Data）时代。以数据为中心的传统学科（如基因组学、蛋白组学、天体物理学和脑科学等）的研究产生了越来越多的数据。据互联网数据中心（Internet Data Center，IDC）咨询公司的统计，2011 年全球被创建和复制的数据总量为 1.8ZB，到 2020 年这一数据将攀升到 40ZB，是 2012 年的 12 倍。而我国的数据量到 2020 年将年超过 8ZB，是 2012 年的 22 倍。其中 80% 以上来自于个人（主要是图片、视频和音乐），远远超过人类有史以来所有印刷材料的数据总量（200PB）。数据量的飞速增长带来了大数据技术和服务市场的繁荣发展。

2.1　大数据技术概述

2.1.1　大数据简介

数据是指存储在某种介质上包含信息的物理符号。数据的存在方式是非常多的，从古代的绳子、小木棒到现在的磁盘、光盘都是数据的存在方式。数据一直伴随着人类的成长，人类所创造的数据也随着技术的发展在不断地增加，特别是进入电子时代人类生产数据的能力得到前所未有的提升。数据的增加使人们不得不面对这些海量的数据，大数据这一概念就是在这一历史条件下被提出的。大数据是指无法在可容忍的时间内用传统 IT 技术和软硬件工具对其进行感知、获取、管理、处理和服务的数据集合。这里传统的 IT 技术和软硬件工具是指单机计算模式和传统的数据分析算法。因此实现大数据的分析通常需要从两个方面来着手：一个是采用集群的方法来获取强大的数据分析能力，一个是研究面向大数据的新的数据分析算法。而大数据技术就是为了传送、存储、分析和应用大数据而需要采用的软件和硬件技术。如果从高性能计算的角度来看大数据系统，可以认为大数据系统是一种面向数据的高性能计算系统。

2.1.2 大数据产生的原因

大数据概念的出现并不是无缘无故的，生产力决定生产关系的道理对于技术领域仍然是有效的，正是由于技术发展到了一定的阶段才导致海量数据被源源不断的生产出来，并使当前的技术面临重大挑战。归纳起来大数据出现的原因有以下几点。

1．数据生产方式变的自动化

数据的生产方式经历了从结绳计数到现在的完全自动化，人类的数据生产能力已不可同日而语。物联网技术、智能城市、工业控制技术的广泛应用使数据的生产完全实现了自动化，自动数据生产必然会产生大量的数据。甚至当前人们所使用的绝大多数数字设备都可以被认为是一个自动化的数据生产设备。我们的手机会不断与数据中心进行联系，通话记录、位置记录、费用记录都会被服务器记录下来；我们用计算机访问网页时访问历史、访问习惯也会被服务器记录并分析；我们生活的城市、小区遍布的传感器、摄像头会不断产生数据并保证我们的安全；天上的卫星、地面的雷达、空中的飞机也都在不断地自动产生着数据。

2．数据生产融入每个人的日常生活

在计算机出现的早期，数据的生产往往只是由专业的人员的来完成。能够有机会使用计算机的人员通常都是因为工作的需要，物理学家、数学家是最早一批使用计算机的人员，那时的计算机还是一种阳春白雪的东西。随着计算机技术的高速发展，计算机得到迅速的普及，特别是手机和移动互联网的出现使数据的生产和每个人的日常生活结合起来，每个人都成为了数据的生产者。当你发出一条微博时你在生产数据，当你拍出一张照片时你在生产数据，当你使用手中的市民卡和银行卡时你在生产数据，当你在 QQ 上聊天时你在生产数据，当你在玩游戏的时候你在生产数据。数据的生产已完全的融入我们的生活：在地铁上你在生产数据，在工作单位你们生产数据，在家里你也在生产数据。个人数据的生产呈现出随时、随地、移动化的趋势，我们的生活已经是数字化的生活，如图 2-1 所示。

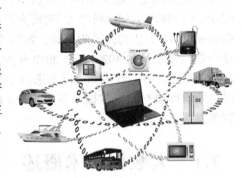

图 2-1　数据生产融入人们的生活

3．图像、视频和音频数据所占的比例越来越大

人类在过去几千年主要靠文字记录信息，而随着技术的发展人类越来越多的采用视频、图像和音频这类占用空间更大、更形象的手段来记录和传播信息。从前上网聊天我们只用文字，现在还可以用视频，人们越来越习惯利用多媒体方式进行交流，城市中的摄像头每天都会产生大量视频数据，而且由于技术的进步，图像和视频的分辨率变得越来越高，数据量变得越来越大。

4．网络技术的发展为数据的生产提供了极大的方便

前面说到的几个大数据产生原因中还缺乏一个重要的引子——网络。网络技术的高速发展是大数据出现的重要催化剂，没有网络的发展就没有移动互联网，我们就不能随时随地实现数据生产；没有网络的发展就不可能实现大数据视频数据的传输和存储；没有网络的发展就不可能有现在大量数据的自动化生产和传输。网络的发展催生了云计算等网络化应用的出现，使数据的生产触角被延伸到网络的各个终端，使任何终端所产生的数据能快速有效的被传输并存储。很难想象在一个网络条件很差的环境下会出现大数据，所以可以这么认为大数据的出现依赖于集成电路技术和网络技术的发展。集成电路为大数据的生产和处理提供了计算能力的基础，网络技术为大数据的传输提供了可能。

5．云计算概念的出现进一步促进了大数据的发展

云计算这一概念是在 2008 年左右进入我国的，而最早可以追溯到 1960 年人工智能之父麦卡锡所预言的"今后计算机将会作为公共设施提供给公众"。2012 年 3 月在国务院政府工作报告中云计算被作为附录给出了一个政府官方的解释，表达了政府对云计算产业的重视。在政府工作报告中云计算的定义是这样的："云计算：是基于互联网的服务的增加、使用和交付模式，通常涉及通过互联网来提供动态易扩展且经常是虚拟化的资源。是传统计算机和网络技术发展融合的产物，它意味着计算能力也可作为一种商品通过互联网进行流通。"云计算的出现使计算和服务都可以通过网络向用户交付，而用户的数据也可以方便地利用网络传递，云计算这一模式的作用被近一步的突显出来。数据的生产、处理和传输可以利用网络快速地进行，改变的传统的数据生产模式，这一变化大大加快了数据的产生速度，对大数据的出现起到了至关重要的作用。

2.1.3 数据的计量单位

大数据出现后人们对数据的计量单位也逐步的变化，常用的 MB 和 GB 已不能有效地描述大数据。在大数据研究和应用时我们会经常接触到数据存储的计量单位。下面对数据存储的计量单位进行介绍。

计算机学科中我们一般采用 0、1 这样的二进制数来表示数据信息，信息的最小单位是 bit（比特），一个 0 或 1 就是一个比特，而 8bit 就是一个字节（Byte），如 10010111 就是一个 Byte。习惯上人们将大写的 B 表示 Byte。信息的计量一般以 2^{10} 为一个进制，如 1024Byte=1KB（KiloByte，千字节），更多常用的数据单位如表 2-1 所示。

表 2-1　常用的数据单位对应列表

数值换算	单位名称
1024 B = 1 KB	千字节（KiloByte）
1024 KB = 1 MB	兆字节（MegaByte）
1024 MB = 1 GB	吉字节（GigaByte）
1024 GB = 1 TB	太字节（TeraByte）
1024 TB = 1 PB	拍字节（PetaByte）
1024 PB = 1 EB	艾字节（ExaByte）
1024 EB = 1 ZB	皆字节（ZettaByte）
1024 ZB = 1 YB	佑字节（YottaByte）
1024 YB = 1 NB	诺字节（NonaByte）
1024 NB = 1 DB	刀字节（DoggaByte）

目前市面上主流的硬盘容量大都为 TB 级，典型的大数据一般都会用到 PB、EB 和 ZB 这三种单位。

2.1.4 大数据是人类认识世界的新手段

出于好奇的天性，人类一直都在不断地认识自己所生活的世界。最早人类通过自己的观察来认知这个世界，发现了火能烤熟食物，石头能够凿开坚果，发现月亮有阴晴圆缺。随着知识的不断积累，人类开始将之前通过观察和实验得到的感性认识总结为理论。伽利略在比萨斜塔进行两个大小不同的铁球同时落地的实验，就是人类的认识由感性的经验上升到理性的理论的重要实验。有了理论以后人类可以用理论来分析世界、预测世界。我们有了历法能够预言一年四季，能够指导春耕秋种。我们能预测尚未被发现的行星，海王星、冥王星的发现就不是通过观测而是通过理论计算而得到的。理论的逐步完善使人类仅仅通过计算和仿真就能发现和认识新的规律，目前在材料科学研究中物质大量的特性正是利用"第一性原理"，通过软件的仿真来完成的，在全面禁止核爆条款下，原子弹的研究也完全依赖计算模拟核爆炸来进行。人类认识世界的方法就这样走过了实验、理论和计算三个阶段。网络技术和计算机技术的发展使人类在近期获得了一种新的认识世界的手段，就是利用大量数据来发现新的规律，这种认识世界的方法被称为"第四范式"，是美国著名的科学家图灵奖得主吉姆·格雷在 2007 年所提出的。这标志着数据正式成为大家所公认的认识世界的方法。大数据出现后人类认识世界的方法就达到四种：实验、理论、计算和数据，如图 2-2 所示。现在人类在一年内所产生的数据可能已经超过人类过去几千年产生的数据的总和，即使是复杂度为 $O(n)$ 的数据处理方法在面对庞大的 n 时都显得力不从心，人类逐步进入大数据的时代。第四范式说明可以利用海量数据加上高速计算发现新的知识，计算和数据的关系在大数据时代变得十分紧密。

图 2-2　人类认识世界的四种手段

2.1.5　几类高性能计算系统对比分析

为了在可以接受和满足应用要求的时间内完成传统技术无法完成的大量数据计算任务，通常的大数据系统也都是一种高性能计算系统（High Performance Computing），目前通常都是通过集群的方式实现高性能计算的。从传统的计算机科学来看，高性能计算系统主要应用于科学计算领域，如材料科学计算、天气预报、科学仿真等领域。这些领域的计算工作都是以大量的数值计算为主，是典型的计算密集的高性能计算应用。在人们的心目中高性能计算主要是一些科学家在使用，离人们的日常生活还非常远。随着人们所掌握的数据量越来越多，高性能计算系统不可避免的需要应对海量数据所带来的挑战；面向数据的高性能计算系统使高性能计算的领域得到了前所未为的扩展，高性能计算随着大数据应用的普及逐步走进了人们的日常生活。从高性能计算的角度来看可以认为大数据系统是一种面向数据的高性能计算系统，其基本结构通常是基于集群技术实现的。

表 2-2 是对不同的高性能计算系统之间特点的比较。

表 2-2　高性能计算系统对比

特点	科学计算系统	批处理大数据系统	流处理大数据系统
分类	面向计算的高性能计算	面向数据的高性能计算	面向数据的高性能计算
基本架构	集群	集群	集群
常用结构	主从结构	主从结构	主从结构
实时性	非实时计算	非实时计算	实时计算
数据存储	集中存储	分布式存储	内存存储
文件系统	无	有	无

特点	科学计算系统	批处理大数据系统	流处理大数据系统
迁移方式	数据向计算迁移	计算向数据迁移	数据流式移动
可用性	无高可用性	高可用性	高可用性
扩展性	可扩展	可扩展	可扩展
并行化方法	计算并行	数据并行	流水线并行
典型应用	科学计算	大数据分析	实时数据分析
单节点要求	强	弱	强
程序难度	高	低	低
典型系统	MPI	Hadoop	Storm

从表 2-2 中可以看出大数据系统继承了传统高性能计算的基本架构，并针对海量数据的处理进行了优化，使高性能计算能力可以被方便有效地应用于对海量数据的分析计算。大数据系统条件下的高性能计算必须认真考虑数据在系统中的存储和移动问题。系统的架构复杂度要高于面向计算的高性能计算系统，大数据系统通常向用户屏蔽了系统内部管理和调度的复杂性，从而实现自动化的数据并行处理，降低了编程的复杂性，而面向计算的高性能计算系统通常需要编程人员自己对计算问题切分并管理各个计算节点。由于大数据系统在系统的高可用性和可扩展性上做了大量的工作，大数据系统的计算节点可以非常容易地进行扩展，对单节点的失效不敏感，因此一些大数据系统（如谷歌系统）的节点数可以达到百万以上。而面向计算的高性能计算系统，通常没有对节点失效等问题进行自动处理，当节点数较大时，人工调度计算资源会面临很大的技术困难，所以一直以来只能在专业的领域进行应用。

2.1.6　主要的大数据处理系统

大数据处理的数据源类型多种多样，如结构化数据、半结构化数据、非结构化数据。数据处理的需求各不相同，有些场合需要对海量已有数据进行批量处理，有些场合需要对大量的实时生成的数据进行实时处理，有些场合需要在进行数据分析时进行反复迭代计算，有些场合需要对图数据进行分析计算。目前主要的大数据处理系统有数据查询分析计算系统、批处理系统、流式计算系统、迭代计算系统、图计算系统和内存计算系统。

1．数据查询分析计算系统

大数据时代，数据查询分析计算系统需要具备对大规模数据实时或准实时查询的能力，数据规模的增长已经超出了传统关系型数据库的承载和处理能力。目前主要的数据查询分析计算系统包括 HBase、Hive、Cassandra、Dremel、Shark、Hana 等。

HBase：开源、分布式、面向列的非关系型数据库模型，是 Apache 的 Hadoop 项目的子项目，源于 Google 论文《Bigtable：一个结构化数据的分布式存储系统》，它实现了其中的压缩算法、内存操作和布隆过滤器。HBase 的编程语言为 Java。HBase 的表能够作为 MapReduce 任务的输入和输出，可以通过 Java API 来存取数据。

Hive：基于 Hadoop 的数据仓库工具，用于查询、管理分布式存储中的大数据集，提供完整的 SQL 查询功能，可以将结构化的数据文件映射为一张数据表。Hive 提供了一种类 SQL 语言（HiveQL），可以将 SQL 语句转换为 MapReduce 任务运行。

Cassandra：开源 NoSQL 数据库系统，最早由 Facebook 开发，并于 2008 年开源。由于其良好的可扩展性，Cassandra 被 Facebook、Twitter、Rackspace、Cisco 等公司使用，其数据模型借鉴了 Amazon 的 Dynamo 和 Google BigTable，是一种流行的分布式结构化数据存储方案。

Impala：由 Cloudera 公司主导开发，是运行在 Hadoop 平台上的开源大规模并行 SQL 查询引擎。用户可以使用标准 SQL 接口的工具查询存储在 Hadoop 的 HDFS 和 HBase 中的 PB 级大数据。

Shark：Spark 上的数据仓库实现，即 SQL on Spark，与 Hive 相兼容，但处理 Hive QL 的性能比 Hive 快 100 倍。

Hana：由 SAP 公司开发的与数据源无关、软硬件结合、基于内存计算的平台。

2．批处理系统

MapReduce 是被广泛使用的批处理计算模式。MapReduce 对具有简单数据关系、易于划分的大数据采用"分而治之"的并行处理思想，将数据记录的处理分为 Map 和 Reduce 两个简单的抽象操作，提供了一个统一的并行计算框架。批处理系统将并行计算的实现进行封装，大大降低开发人员的并行程序设计难度。Hadoop 和 Spark 是典型的批处理系统。MapReduce 的批处理模式不支持迭代计算。

Hadoop：目前大数据处理最主流的平台，是 Apache 基金会的开源软件项目，使用 Java 语言开发实现。Hadoop 平台使开发人员无需了解底层的分布式细节，即可开发出分布式程序，在集群中对大数据进行存储、分析。

Spark：由加州伯克利大学 AMP 实验室开发，适合用于机器学习、数据挖掘等迭代运算较多的计算任务。Spark 引入了内存计算的概念，运行 Spark 时服务器可以将中间数据存储在 RAM 内存中，大大加速数据分析结果的返回速度，可用于需要互动分析的场景。

3．流式计算系统

流式计算具有很强的实时性，需要对应用不断产生的数据实时进行处理，使数据不积压、不丢失，常用于处理电信、电力等行业应用以及互联网行业的访问日志等。Facebook 的 Scribe、Apache 的 Flume、Twitter 的 Storm、Yahoo 的 S4、UCBerkeley 的 Spark Streaming 是常用的流式计算系统。

Scribe：Scribe 由 Facebook 开发开源系统，用于从海量服务器实时收集日志信息，对日志信息进行实时的统计分析处理，应用在 Facebook 内部。

Flume：Flume 由 Cloudera 公司开发，其功能与 Scribe 相似，主要用于实时收集在海量节点上产生的日志信息，存储到类似于 HDFS 的网络文件系统中，并根据用户的需求进行相应的数据分析。

Storm：基于拓扑的分布式流数据实时计算系统，由 BackType 公司（后被 Twitter 收购）开发，现已经开放源代码，并应用于淘宝、百度、支付宝、Groupon、Facebook 等平台，是主要的流数据计算平台之一。

S4：S4 的全称是 Simple Scalable Streaming System，是由 Yahoo 开发的通用、分布式、可扩展、部分容错、具备可插拔功能的平台。其设计目的是根据用户的搜索内容计算得到相应的推荐广告，现已经开源，是重要的大数据计算平台。

Spark Streaming：构建在 Spark 上的流数据处理框架，将流式计算分解成一系列短小的批处理任务进行处理。网站流量统计是 Spark Streaming 的一种典型的使用场景，这种应用既需要具有实时性，还需要进行聚合、去重、连接等统计计算操作。如果使用 Hadoop MapReduce 框架，则可以很容易地实现统计需求，但无法保证实时性。如果使用 Storm 这种流式框架则可以保证实时性，但实现难度较大。Spark Streaming 可以以准实时的方式方便地实现复杂的统计需求。

4．迭代计算系统

针对 MapReduce 不支持迭代计算的缺陷，人们对 Hadoop 的 MapReduce 进行了大量改进，Haloop、iMapReduce、Twister、Spark 是典型的迭代计算系统。

HaLoop：Haloop 是 Hadoop MapReduce 框架的修改版本，用于支持迭代、递归类型的数据分析任务，如 PageRank、K-means 等。

iMapReduce：一种基于 MapReduce 的迭代模型，实现了 MapReduce 的异步迭代。

Twister：基于 Java 的迭代 MapReduce 模型，上一轮 Reduce 的结果会直接传送到下一轮的 Map。

Spark：基于内存计算的开源集群计算框架。

5．图计算系统

社交网络、网页链接等包含具有复杂关系的图数据，这些图数据的规模巨大，可包含数十亿顶点和上百亿条边，图数据需要由专门的系统进行存储和计算。常用的图计算系统有 Google 公司的 Pregel、Pregel 的开源版本 Giraph、微软的 Trinity、Berkeley AMPLab 的 GraphX 以及高速图数据处理系统 PowerGraph。

Pregel：Google 公司开发的一种面向图数据计算的分布式编程框架，采用迭代的计算模型。Google 的数据计算任务中，大约 80% 的任务处理采用 MapReduce 模式，如网页内容索引。图数据的计算任务约占 20%，采用 Pregel 进行处理。

Giraph：一个迭代的图计算系统，最早由雅虎公司借鉴 Pregel 系统开发，后捐赠给 Apache 软件基金会，成为开源的图计算系统。Giraph 是基于 Hadoop 建立的，Facebook 在其搜索服务中大量使用了 Giraph。

Trinity：微软公司开发的图数据库系统，该系统是基于内存的数据存储与运算系统，源代码不公开。

GraphX：由 AMPLab 开发的运行在数据并行的 Spark 平台上的图数据计算系统。

PowerGraph：高速图处理系统，常用于广告推荐计算和自然语言处理。

6．内存计算系统

随着内存价格的不断下降和服务器可配置内存容量的不断增长，使用内存计算完成高速的大数据处理已成为大数据处理的重要发展方向。目前常用的内存计算系统有分布式内存计算系统 Spark、全内存式分布式数据库系统 HANA、Google 的可扩展交互式查询系统 Dremel。

Spark：基于内存计算的开源集群计算系统。

HANA：SAP 公司开发的基于内存技术、面向企业分析性的产品。

Dremel：Google 的交互式数据分析系统，可以在数以千计的服务器组成的集群上发起计算，处理 PB 级的数据。Dremel 是 Google MapReduce 的补充，大大缩短了数据的处理时间，成功地应用在 Google 的 bigquery 中。

2.1.7 大数据处理的基本流程

大数据的处理流程可以定义为在适合工具的辅助下，对广泛异构的数据源进行抽取和集成，按照一定的标准统一存储，利用合适的数据分析技术对存储的数据进行分析，从中提取有益的知识并利用恰当的方式将结果展示给终端用户。大数据处理的基本流程如图 2-3 所示。

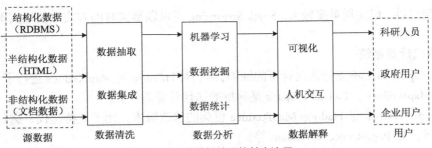

图 2-3　大数据处理的基本流程

1. 数据抽取与集成

由于大数据处理的数据来源类型丰富，大数据处理的第一步是对数据进行抽取和集成，从中提取出关系和实体，经过关联和聚合等操作，按照统一定义的格式对数据进行存储。现有的数据抽取和集成方法有三种：基于物化或数据仓库技术方法的引擎（Materialization or ETL Engine）、基于联邦数据库或中间件方法的引擎（Federation Engine or Mediator）、基于数据流方法的引擎（Stream Engine）。

2. 数据分析

数据分析是大数据处理流程的核心步骤，通过数据抽取和集成环节，我们已经从异构的数据源中获得了用于大数据处理的原始数据。用户可以根据自己的需求对这些数据进行分析处理，比如数据挖掘、机器学习、数据统计等。数据分析可以用于决策支持、商业智能、推荐系统、预测系统等。

3. 数据解释

大数据处理流程中用户最关心的是数据处理的结果，正确的数据处理结果只有通过合适的展示方式才能被终端用户正确理解，因此数据处理结果的展示非常重要，可视化和人机交互是数据解释的主要技术。

开发调试程序的时候经常通过打印语句的方式来呈现结果，这种方式非常灵活、方便，但只有熟悉程序的人才能很好地理解打印结果。

使用可视化技术，可以将处理的结果通过图形的方式直观地呈现给用户，标签云（Tag Cloud）、历史流（History Flow）、空间信息流（Spatial Information Flow）等是常用的可视化技术，用户可以根据自己的需求灵活地使用这些可视化技术。人机交互技术可以引导用户对数据进行逐步的分析，使用户参与到数据分析的过程中，深刻地理解数据分析结果。

2.2　大数据的典型应用示例

2.2.1　大数据在高能物理中的应用

高能物理学科一直是推动计算技术发展的主要学科之一，万维网技术的出现就是来源于高能物理对数据交换的需求。高能物理是一个天然需要面对大数据的学科，高能物理科学家往往需要从大量的数据中去发现一些小概率的粒子事件，这跟大海捞针一样。目前世界上最大的高能物理实验装置是在日内瓦欧洲核子中心（CERN）的大型强子对撞机（Large Hadron Collider，LHC），如图 2-4 所示，其主要物理目标是寻找希格斯（Higgs）粒子。高能物理中的数据处理较为典型的是采用离线处理方式，由探测器组负责在实验时获取数据，现在最新的 LHC 实验每年采集的数据达到 15PB。高能物理中的数据特点是海量且没有关联性，为了从海量数据中甄别出有用的事件可以利用并行计算技术对各个数据文件进行较为独立的分析处理。中国科学院高能物理研究所的第三代探测器 BESIII 产生的数据规模已达到 10PB 左右，在大数据条件下计算、存储、网络一直考验着高能所的数据中心系统。在实际数据处理时 BESIII 数据分析甚至需要通过网格系统调用俄罗斯、美国、德国及国内的其他数据中心来协同完成任务。

图 2-4　大型强子对撞机（LHC）

2.2.2　推荐系统

　　推荐系统可以利用电子商务网站向客户提供商品信息和建议，帮助用户决定应该购买什么东西，模拟销售人员帮助客户完成购买过程。我们经常在上网时看见网页某个位置出现一些商品推荐或者系统弹出一个商品信息，而且这些商品可能正是我们自己感兴趣或者正希望购买的商品，这就是推荐系统在发挥作用。目前推荐系统已变的无处不在，如商品推荐、新闻推荐、视频推荐，推荐方式也包括网页式推荐、邮件推荐、弹出式推荐。推荐过程的实现完全依赖于大数据，我们在进行网络访问时访问行为被各网站所记录并建立模型，有的算法还需要与大量其他人的信息进行融合分析从而得出每一个用户的行为模型，将这一模型与数据库中的产品进行匹配从而完成推荐过程。为了实现这一推荐过程需要存储大量客户的访问信息，对于用户量巨大的电子商务网站这些信息的数据量是非常庞大的。推荐系统是大数据非常典型的应用，只有基于对大量数据的分析，推荐系统才能准确地获得用户的兴趣点。一些推荐系统甚至会结合用户社会网络来实现推荐，这就需要对更大的数据集进行分析，从而挖掘出数据之间广泛的关联性。推荐系统使大量看似无用的用户访问信息产生了巨大的商业价值，这就是大数据的魅力。

2.2.3　搜索引擎系统

　　搜索引擎是大家最为熟悉的大数据系统，成立于 1998 年的谷歌和成立于 2000 年的百度在简洁的用户界面下面隐藏着世界上最大规模的大数据系统。搜索引擎是简单与复杂的完美结合，目前最为常用的开源系统 Hadoop 就是按照谷歌的系统架构设计的。图 2-5 所示为百度搜索页面。

　　为了有效地完成互联网上数量巨大的信息的收集、分类和处理工作，搜索引擎系统大多是基于集群架构的。中国出现较早的搜索引擎还有北大天网搜索，天网搜索在早期是由几百台 PC 机搭

Bai 百度

新闻　网页　贴吧　知道　音乐　图片　视频　地图

[　　　百度一下　]

图 2-5　百度搜索引擎（http://www.baidu.com）

建的机群构建的，这一思路也被谷歌所采用，谷歌由于早期搜索利润的微薄只能利用廉价服务器来实现。每一次搜索请求可能都会有大量的服务响应，搜索引擎是一个典型而成熟的大数据系统，它的发展历程为大数据研究积累了宝贵的经验。2003 年在北京大学召开了第一届全国搜索引擎和网上信息挖掘学术研讨会，大大地推动了搜索引擎在国内的技术发展。搜索引擎与数据挖掘技术的结合预示着大数据时代的逐步到来，从某种意义上将可以将这次会议作为中国在大数据领域的第一次重要学术会议，如图 2-6 所示。当时百度还没有上市，但派出不少工程师参加了这次会议。

图 2-6 首届全国搜索引擎和网上信息挖掘学术研讨会合影

2.2.4 百度迁徙

百度迁徙是 2014 年百度利用其位置服务（Location Based Service，LBS）所获得的数据，将人们在春节期间位置移动情况用可视化的方法显示在屏幕上。这些位置信息来自于百度地图的 LBS 开放平台，通过安装在大量移动终端上的应用程序获取用户位置信息，这些数以亿计的信息通过大数据处理系统的处理可以反映全国总体的迁移情况，通过数据可视化，为春运时人们了解春运情况和决策管理机构进行管理决策提供了第一手的信息支持。这一大数据系统所提供的服务为今后政府部门的科学决策和社会科学的研究提供了新的技术手段，也是大数据进入人们生活的一个案例。

2.3 大数据中的集群技术

摩尔定律认为当价格不变时，集成电路上可容纳的晶体管数目，大约每隔 18 个月便会增加一倍，性能也将提升一倍。随着集成电路逐步达到物理极限，进入量子力学的尺度，摩尔定律所预言的增长速度正在逐步放慢。与此同时全球数据增长的速度却变的越来越快，并逐步超越了集成电路的增长速度，正是这一速度差造就了大数据所面临的挑战。集群技术的采用成为了应对大数据挑战最为直接的方法，在 CPU 计算速度无法满足数据增长的需要时通过增加计算节点来解决，从技术的角度讲是最为简单的，所以目前我们所见到的大数据系统基本都采用了集群架构。

集群系统、并行计算一直以来被视为只有少数人才有能力和机会使用的高端设备，但是大数据的出现使集群系统逐步进入了我们的日常生活，同时也给集群系统架构的发展提供了一次难得的历史机遇。大数据概念出现后不同的基于集群的大数据架构如雨后春笋一般被提出来，有的面向批处理、有的面向流处理，集群技术的发展将在大数据时代获得新的活力。要学习和理解大数据系统也需要对集群系统的基本知识有所了解，下面就对集群系统的一些基本知识进行介绍。

2.3.1 集群文件系统的基本概念

数据的存储一直是人类在不懈研究的内容之一，最早的原始人类采用结绳记事的方式实现数据的记录和存储，后来中国商代利用甲骨作为信息存储的载体（见图 2-7）。竹简作为的信息载体的时代大约出现在西周和春秋时期，竹简是中国历史上使用时间最长的信息记录载体之一。公元二世纪初，东汉蔡伦改进造纸术成功，纸张从此在长达一千多年的时间里成为了主要的信息记录载体，直到今天我们仍然在使用纸张这一信息记录载体。

计算机的出现使信息的记录方式再次发生了巨大的变化，计算机的信息记录方式从穿孔纸带、磁带、磁鼓到硬盘、光盘、Flash 芯片等，几十年的时间使人类对信息的记录能力实现了多个数量级的跃迁。

信息记录方式可以说一直伴随着人类历史的发展，文件系统技术是云计算技术发展中的一个重要部分，数据的存储方式对云计算系统架构有着重要的影响。传统的存储方式一般是基于集中部署的磁盘阵列，这种存储方式结构简单使用方便，但

27

图 2-7　信息存储载体——甲骨

在数据使用时不可避免地会出现数据在网络上的传输，这给网络带来了很大的压力。随着大数据技术的出现，面向数据的计算成为云计算系统需要解决的问题之一，集中的存储模式更是面临巨大的挑战。计算向数据迁移这种新的理念，使集中存储风光不在，集群文件系统在这种条件下应运而生。目前常用的 HDFS、GFS、Lustre 等文件系统都属于集群文件系统。

集群文件系统存储数据时并不是将数据放置于某一个节点存储设备上，而是将数据按一定的策略分布式地放置于不同物理节点的存储设备上。集群文件系统将系统中每个节点上的存储空间进行虚拟的整合，形成一个虚拟的全局逻辑目录，集群文件系统在进行文件存取时依据逻辑目录按文件系统内在的存储策略与物理存储位置对应，从而实现文件的定位。集群文件系统相比传统的文件系统要复杂，它需要解决在不同节点上的数据一致性问题及分布式锁机制等问题，所以集群文件系统一直是云计算技术研究的核心内容之一。

在云计算系统中采用集群文件系统有以下几个优点。

① 由于集群文件系统自身维护着逻辑目录和物理存储位置的对应关系，集群文件系统是很多云计算系统实现计算向数据迁移的基础。利用集群文件系统可以将计算任务在数据的存储节点位置发起，从而避免了数据在网络上传输所造成的拥塞。

② 集群文件系统可以充分利用各节点的物理存储空间，通过文件系统形成一个大规模的存储池，为用户提供一个统一的可弹性扩充的存储空间。

③ 利用集群文件系统的备份策略、数据切块策略可以实现数据存储的高可靠性以及数据读取的并行化，提高数据的安全性和数据的访问效率。

④ 利用集群文件系统可以实现利用廉价服务器构建大规模高可靠性存储的目标，通过备份机制保证数据的高可靠性和系统的高可用性。

2.3.2　集群系统概述

集群系统是一个互相通过网络连接起来的计算机（节点）所构成的分布式系统，集群中的每一个节点都具有独立的存储系统，和共享存储系统相比集群是一种松耦合的系统。集群系统现在是实现高性能计算主要方法，集群系统不只是计算的聚集也是存储的聚集。这里所指的分布式系统包括分布式计算和分布式存储。

集群系统最早主要是为了满足高性能计算的需求，早期高性能计算往往是依靠大型并行计算机和向量计算机来实现的。随着计算机单机能力的提高，近年的高性能计算机大多都是利用工作站集群来实现，甚至出现了用普通商业硬件和免费软件的搭建的高性能集群系统，这种系统被称为 Beowulf 系统。Beowulf 集群是一种用作并行计算的集群架构，通常是由一台

第 2 章　大数据基础

主节点和一台以上的子节点通过以太网或其他网络连接的系统，它采用市面上可以购买的普通硬件（例如装有 Linux 的 PC）、标准以太网卡和交换机，它不包含任何特殊的硬件设备，可以重新组建。Beowulf 一词来源于一首现存的最古老的英语史诗，比喻以较低的成本实现与千百万用户之间的计算机资源共享。1994 年夏季，托马斯·斯特林和堂贝克尔在空间数据与信息科学中心（The Center of Excellence in Space Data and Information Sciences，CESDIS）用 16 个节点和以太网组成了第一个 Beowulf 集群系统。Beowulf 集群的出现为并行计算技术的普及提供了可能，使从前只有高端用户才有机会使用的高性能计算系统现在可以在普通实验室使用。

对于 Beowulf 系统我们可以用图 2-8 来形象地表示它与其他并行机系统的区别。图 2-8 表明了 Beowulf 采用廉价通用设备实现了大型计算机的计算能力，体现了群体性能集成的力量，这也是采用 Beowulf 系统的实质所在，云计算计算资源池的形成思想与 Beowulf 系统十分相近。

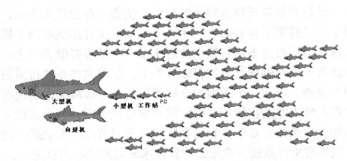

图 2-8　Beowulf 系统与其他并行计算机的对比

由于 Beowulf 系统可以采用普通廉价设备构建并行计算机系统，在普通实验室环境下实现高性能计算，其理念在云计算和大数据领域得到了很好的应用。图 2-9 所示是成都信息工程大学并行计算实验室采用多台普通 PC 构建的一个 Beowulf 系统。

人们在集群系统应用中的长期积累为利用集群实现大数据系统提供了可能，因此当前的大数据系统都利用了集群技术，而且利用集群系统应用大数据的分析和存储从技术的角度是最容易实现的。集群的基本思路就是蚂蚁雄兵的策略，微小的蚂蚁聚集成为团

图 2-9　Beowulf 系统实例

队后就连动物中的老虎、狮子都能打败，但前提是这些蚂蚁自身能被有效的组织起来。一个被有效组织起来的集群系统中单个节点的计算能力可能并不是非常强，但聚集起来的计算能力会非常的强大。目前世界上运算速度较快的高性能计算系统绝大多数都采用了集群架构。个体的弱小和不稳定与整体的强大和稳定在这里形成了完整的统一。从 Google 的搜索系统，到开源的 Hadoop 都强调自己的系统是面向廉价服务器集群设计的。

与专用的大型计算机系统相比大数据系统采用集群架构有以下几个优点。

1．价格低廉

大数据集群的构成目前主要是采用通用服务器系统来组建，有的规模较大的企业如谷歌可以自己定制相应的服务器，减配不必要的模块以降低服务器生产成本。目前普通服务器的

价格已变得非常便宜，而传统的大型机由于都是专用设备生产成本非常高昂。现在有的系统甚至采用个人计算机来构建与 Beowulf 系统相似的廉价集群，并引入相应的技术保证整个系统的高可靠性。

2．系统扩展性好

在大数据系统中采用集群可以实现良好的系统扩展性。大数据的发展一日千里，系统规模会随着数据规模的扩张而同步扩展，这种扩展性为大数据系统提供了按需建设逐步扩展的能力，可以大大的节省系统投入。而传统的大型机为专用定制系统基本不具有扩展性，无法适应数据规模的不断增长。

3．高可用性

利用集群系统构建的大数据分布式计算和存储系统，可以方便地实现整个系统的高可用性。系统的单一节点失效不再被作为系统的严重故障，基于集群技术的大数据系统一般会假设单一点失效是系统的常态，个体的不稳定性不影响整个系统的稳定性。例如，Hadoop 系统就能对其存储的数据实现多个备份存储以保证节点损坏时数据不会丢失。

4．系统连接简单

传统的大型机和向量机的实现有需要专用的技术，而集群系统中节点之间通常可以采用普通的网络进行连接。对于一些对数据要求较高的系统可以采用高性能通讯网络连接，通讯机制采用消息传递机制完成，这些技术都是通用技术，不需要非常特殊的设备。

5．系统灵活性高

集群系统是一种多指令多数据流的系统，批处理大数据系统和流处理大数据系统都能基于集群系统实现。各节点自己的存储空间既可以供节点自己使用又可以被统一组织成为一个分布式文件系统来使用。

2.3.3 大数据并行计算的层次

在集群中实现大数据处理面临一个大的困难就是，将计算任务或数据分析放入集群进行处理时没有一个通用的方法。可以用不同的粒度对问题进行分解这就涉及并行计算的层次问题。并行计算可以被分为以下几个层次。

1．程序级并行

如一个数据分析任务能被切分为多个相互之间独立的计算任务并被分配给不同的节点进行处理，这种并行就叫程序级并行。程序级并行是一种粗粒度的并行，一个问题能实现程序级的并行意味着这个问题很容易在集群中被执行，并且由于被切分的任务是独立的，子问题之间所需要的通讯代价也是非常小的，不需要在集群节点间进行大量的数据传输。程序级并行中的各个计算任务可以被认为是没有任何计算关联和数据关联的任务，其并行性是天然的、宏观的。

2．子程序级并行

一个程序可以被分为多子程序任务并被集群并行执行，最后通过合并结果得到最终结果，这称为子程序并行。子程序级并行是对程序级并行的进一步分解，粒度比程序级并行小，以切分数据为基础的一些批处理大数据系统可以被认为属于子程序级的并行。如 Hadoop 系统数据被切分后被预先存储于集群中的分布式文件系统，各子程序被分配到节点，完成计算后利用归约过程实现数据的合并。这类面向数据的并行计算可以被较为容易的实现，并能实现自动化并行化。子程序级并行是在大数据系统中实现并行计算的主要层次。

更小的并行层次还有语句级并行和操作级并行，这两类并行一般不常在集群中使用。因为并行粒度过小后会使并行任务间的关联性增加，节点间的消息通讯过于频繁，集群节点间的数据连接是低速度的网络联结而不是总线或芯片级的高速连接，通常在集群系统中需要用计算来换通信。由于大数据系统往往涉及很大的数据流量，尽可能地减小数据传输是大数据系统的一个基本原则，Hadoop 系统中就采用于计算向数据迁移的策略来降低数据通信压力。

2.3.4 大数据系统的分类方法

1. Flynn 分类法

大数据集群与并行计算系统类似，所需要面对的对象就是计算和数据。传统的高性能计算系统更倾向于面向计算，以获得快速的计算为主要目的。而大数据系统将数据的重要性放在第一位，对大数据集群进行分类时也不外是考虑计算和数据。Flynn 分类方法就是依据指令流和数据流之间的数目关系来分类的，这一分类方法是 Flynn 在 1972 年所提出的，我们可以借鉴 Flynn 对大数据系统进行分类。

单指令单数据系统（Single Instruction Single Data，SISD）：每条指令每次只对一个数据集进行操作，这就是通常单台串行计算机的工作模式。

单指令多数据系统（Single Instruction Multiple Data，SIMD）：同一条指令同时对不同的数据集进行操作。批处理大数据系统就是一种 SIMD 系统，在批处理大数据系统中海量的数据被按一定的规则切割为小的数据块并被分发到集群中的各上节点上，系统通过分布式文件系统管理并监控数据的存储位置关系，对数据发起计算时将计算程序分发到各个节点，依靠分布式文件系统从本机读出需要处理，批处理系统对每个数据块均执行相同的计算任务，特别适合对海量数据进行离线批处理，这类批处理大数据系统可以被看作是一种 SIMD 系统，如图 2-10 所示。

多指令多数据系统（Multiple Data Single Instruction，MIMD）：每个处理单元都能单独的执行指令并具有单独的数据集。被网络所连接的集群系统就是一个 MIMD 系统，因为集群中的每一个节点都可以完全独立进行计算和存储数据。MIMD 集群为大数据处理提供了最大的自由度，基于 MIMD 可以实现 SIMD 的批处理，也可以实现流式处理，这就是为什么大数据系统都是集群系统的原因，如图 2-11 所示。

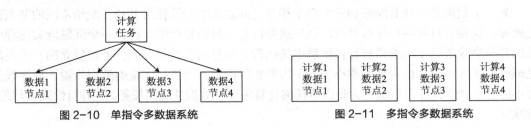

图 2-10 单指令多数据系统　　　　　　图 2-11 多指令多数据系统

2. 批处理与流处理

当前的大数据系统主要可以被分为两个大类：批处理系统和流处理系统。

批处理大数据系统通过开发数据的空间并行性，对海量数据进行切分，并依据计算向数据迁移的原则实现对数据的并行处理，批处理大数据系统通常是为了完成对数据的离线分析任务，典型的响应时间为分钟级、小时级甚至以天计。批处理系统具有并行化方法简单，可以实现自动并行的优点，但由于处理模式是批处理模式，在面对实时应用或需要对不同数据块实施不同计算的任务时显得并不灵活。Hadoop 就是一个典型的批处理系统。

流处理大数据系统通过开发数据的时间并行性，将数据的处理过程分为具有先后因果关系的多个处理步骤进行任务切分，从而实现数据在流水线上的并行处理，流处理一般应用在大数据的实时处理领域，典型的响应时间可以达秒级以下。流处理系统由于需要对任务进行切分，而对任务的切分不能像对数据进行切分一样自动完成，需要设计人员的介入，不能实现自动并行化。但流处理具有较为灵活的任务处理能力，目前已越来越成为大数据关注的重点。Storm 就是一个典型的实时流处理系统。

批处理和流处理各自有自己的应用范围和作用，一些系统可能会同时使用批处理和流处理系统，把一些对实时性要求不高但数据量很大的工作用批处理系统来完成，而把需要实时反映用户需求的应用实时流处理系统来完成。

2.3.5　单一系统映象

大数据系统所采用的集群系统往往规模都较为庞大，大规模的集群系统的协调工作是一件非常复杂的工作。通常来讲大数据系统内部的物理结构是非常复杂的，单一系统映象（Single System Image，SSI）可以让集群内部的复杂性对用户是不可见的，用户可以像操作单机一样的使用大数据集群系统。单一系统映象技术在集群中是非常常见的，像高性能计算集群、网格等系统中都要实现单一系统映象。

对于大数据系统而言单一系统映象包含以下几个含义。

（1）数据在系统中可能是分布式存储的，但对于用户视角而言只有一个逻辑存储区域，用户不用关心数据物理在是存储在哪一个节点上的。

（2）数据的计算可能是分布式的，但用户看上去是统一计算的，计算的分配是由系统统一进行的。部分大数据系统需要用户对计算进行切分，但用户不用考虑具体的物理节点分配问题。

（3）集群系统的高可用性冗余、负载均衡、一致性问题对于用户是不可见的，由系统自动完成。

总的来看，单一系统映象就是保证大数据集群系统的物理设备和逻辑视图是隔离的，整个系统从逻辑视图上看和一台单机非常相似。目前大多数大数据系统都满足单一系统映象的要求，大数据系统从架构上就是实现集群复杂性的隐藏，使用户可以在一个简单的逻辑视图下工作。

2.3.6　集群中的一致性

建立在集群上的大数据系统中一致性问题是一个重要的需要认真对待的问题，对于一致性问题我们打一个比方来理解：现在我们每个人往往会有多个数据存储的地方，办公室电脑、家用笔记本电脑、移动硬盘等，为了保证某一项工作的进行也许我们需要会将文件拷到移动硬盘并复制到笔记本电脑中。一个文件会被经常这样在不同的介质中移动，一个时常困扰我们问题就发生了，不少人会经常搞不清楚哪个介质上的文件版本是最后版本，这就是由于文件在不同介质上的不一致所引起的。为了保证所有文件的一致性我们可能需要不断将最后版本的文件在多个介质上进行更新复制，这就是我们自己的一致性解决方案。然而在集群系统中做到这一点并不容易，大量的数据会读取修改、甚至被删除，而且同时可以有大量的用户在进行频繁的数据操作，这种情况下要保证一致性就具有相当的挑战性了。

一致性要求在对同一个数据进行并发访问时系统能返回相同的结果，一致性可以被分为以下几种类型。

强一致性：强一致性系统会在所有副本都完全相同后才返回，系统在未达到一致时是不能访问的，强一致性能保证所有的访问结果是一致的。

弱一致性：弱一致性系统中的数据更新后，后续对数据的读取操作得到的不一定是更新后的值。

最终一致性：最终一致性允许系统在实现一致性前有一个不一致的窗口期，窗口期完成后系统最终能保证一致性。最终一致性允许在系统没有达到一致时对数据进行访问。不一致窗口的最大可以根据下列因素确定：通信延迟、系统负载、复制方案涉及的副本数量。

为了达到最终一致性需要尽快地实现副本的复制，常用的有以下两种，如图 2-12 所示。

比如一个有三个副本的分布式文件系统，第一种方法是在 A 节点接收到数据后同时向 B 和 C 节点分发副本，使 A，B，C 中的副本完全一致；第二种方案是在 A 节点接收到数据后先向 B 节点分发副本，B节点接收后再由 B 节点向 C 节点分发副本，这种方法可以更好地利用集群中的网络资源，谷歌的 GFS 文件系统就是这样实现的。

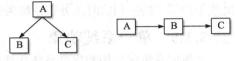

图 2-12 两种文件副本复制方法

下面从服务器端的角度来分析一致性，假设 N 为数据复制的份数；W 为更新数据时需要保证写完成的节点数；R 为读取数据时需要读取的节点数。

当 $W+R>N$ 时，系统就能保证强一致性，因为写入和读取的节点存在重叠。

下面我们用抽屉原理来证明强一致性条件。

抽屉原理是这样描述的：把多于 $n+1$ 个的物体放到 n 个抽屉里，则至少有一个抽屉里的东西不少于两件。

系统中未被正确写入的节点数目为 $N-W$，当 $R>N-W$ 时，如果所有读取数据的行为都发生在未被正确写入的节点，则根据抽屉原理必然有一个未被正确写入的节点被读取了两次。这是不符合实际的，则至少有一次数据读取是发生在已被正确写入的节点上的，因此 $R>N-W$ 条件就是系统的强一致性条件，也可以写为 $W+R>N$。

例如，在 HDFS 文件系统中为了保证高可用性 $N=3$，如果这时 $W=3$ 表明读一个数据时需要 3 个副本已被确定写入，这时所有副本肯定是一致的，可以保证系统的强一致性。但这增加了数据写入时失败的可能性，因为只要有一个副本没有被正确写入操作就不能成功。再例如当 $W=2,R=2,N=3$ 时，只要有 2 个副本被正确写入后，系统可以通过同时读取 2 个副本取得数据，根据抽屉原理必然有一个被正确写的副本能被读到，从而保证了数据是强一致性的，但如果 $R=1$ 系统就有可能读到还没有被正确写入的副本节点，从而不能保证系统的一致性，这时 $W+R=N$，一般来看 $W+R<=N$ 时就是弱一致性的，同样根据抽屉原理在 $W+R<=N$ 时系统将有可能读到没有被正确写入的数据，如图 2-13 所示。

图 2-13 形象地向我们解释了一致性问题。图中的 5 个方块代表数据的副本个数，即 $N=5$，方块中为 0 代表还未确定写入的节点，方块中为 1 代表确定被写入的节点，箭头数代表读数据时需要读的节点数，即 R。图中第一组有 3 个节点数据被确定正确写入 $W=3$，系统读数据时从 3 个节点获取数据，在最坏的情况下系统也一定会读到一个被正确写入数据的节点，从而保证系统的强一致性。如果减小数据被确定正确写入的节点数 W，为了保证强一致性就必须提高读取数据时获取数据的节点数 R，从而保证在最坏情况都能读到正确的数据。第二组图就表明了这一情况，这时 $W=2$，$R=4$，前两组都保证了 $W+R>N$。第三组图 $W=2$，$R=3$，在最坏情况下有可能读到的所有节点都未被正确写入。第四组图 $W=3,R=2$ 也是不能保证强一致

性的，他们都不满足 $W+R>N$ 强一致性条件。实际系统如 GFS 和 HDFS 文件系统的设计目标为大数据的一次写多次读，并且这些文件系统所支持的系统并不是实时系统，在保证数据一致性时相对较为容易。

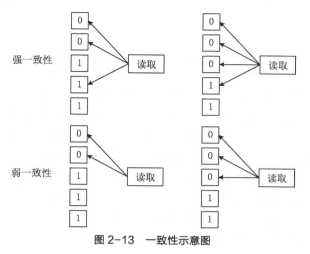

图 2-13 一致性示意图

2.4 云计算与大数据的发展

2.4.1 云计算与大数据发展历程

很多人认为云计算是在近些年才被提出来的，其实早在 1958 年，人工智能之父约翰·麦卡锡发明了函数式语言 LISP，LISP 语言后来成为 MapReduce 的思想来源。1960 年约翰·麦卡锡预言："今后计算机将会作为公共设施提供给公众"，这一概念与我们现在所定义的云计算已非常相似，但当时的技术条件决定了这一设想只是一种对未来技术发展的预言。云计算在技术发展到一定阶段后才能真正出现。一般认为云计算是网络技术发展到一定阶段后必然出现的新的技术体系和产业模式。很难想象在 1986 年中国第一封 E-mail 发出去时 560bps 的网速条件下能出现云计算这样的技术变革。1984 年 SUN 公司提出"网络就是计算机"这一具有云计算特征的论点，2006 年 Google 公司 CEO 埃里克·施密特提出云计算概念，2008 年云计算概念全面进入中国，2009 年中国首届云计算大会召开，此后云计算技术和产品迅速地发展起来。

随着社交网络、物联网等技术的发展，数据正在以前所未有的速度增长和积累。IDC 的研究数据表明，全球的数据量每年增长 50%，两年翻一番，这意味着全球近两年产生的数据量将超过之前全部数据的总和。2011 年全球数据总量已达 1.8ZB，到 2020 年，全球数据总量将达到 35 ZB。2008 年 *Nature* 杂志推出了大数据专刊，2011 年 *Science* 杂志推出大数据专刊，讨论科学研究的中大数据问题。2012 年大数据的关注度和影响力快速增长，成为当年达沃斯世界经济论坛的主题，美国政府启动大数据发展计划。中国计算机学会于 2012 年成立了大数据专家委员会，并发布了大数据技术白皮书。

图 2-14 所示为云计算、大数据两个关键词近年来的网络关注度，可以看出 2012 年至今大数据的关注度越来越高，云计算和大数据是信息技术未来的发展方向。

图 2-14　近年来云计算、大数据的关注度

网络技术在云计算和大数据的发展历程中发挥了重要的推动作用。可以认为信息技术的发展经历了硬件发展推动和网络技术推动两个阶段。早期主要以硬件发展为主要动力，在这个阶段硬件的技术水平决定着整个信息技术的发展水平，硬件的每一次进步都有力地推动着信息技术的发展。从电子管技术到晶体管技术再到大规模集成电路，这种技术变革成为产业发展的核心动力。但网络技术的出现逐步地打破了单纯的硬件能力决定技术发展的格局，通信带宽的发展为信息技术的发展提供了新的动力。在这一阶段通信带宽成为了信息技术发展的决定性力量之一，云计算、大数据技术的出现正是这一阶段的产物，其广泛应用并不是单纯靠某一个人发明而是由于技术发展到现在的必然产物，生产力决定生产关系的规律在这里依然是成立的。

当前移动互联网的出现和迅速普及更是对云计算、大数据的发展起到了推动作用。移动客户终端与云计算资源池的结合大大拓展了移动应用的思路，云计算资源得以在移动终端上实现随时、随地、随身资源服务。移动互联网再次拓展了以网络化资源交付为特点的云计算技术的应用能力，同时也改变了数据的产生方式，推动了全球数据的快速增长，推动了大数据的技术和应用的发展。

云计算是一种全新的领先信息技术，结合 IT 技术和互联网实现超级计算和存储的能力，而推动云计算兴起的动力是高速互联网和虚拟化技术的发展、更加廉价且功能强劲的芯片及硬盘、数据中心的发展。云计算作为下一代企业数据中心，其基本形式为大量链接在一起的共享 IT 基础设施，不受本地和远程计算机资源的限制，可以很方便地访问云中的"虚拟"资源，使用户和云服务提供商之间可以像访问网络一样进行交互操作。具体来讲，云计算的兴起有以下因素。

1．高速互联网技术发展

网络用于信息发布、信息交换、信息收集、信息处理。网络内容不再像早些年那样是静态的，门户网站随时在更新着网站中的内容，网络的功能、网络速度也在发生巨大的变化，网络成为人们学习、工作和生活的一部分。不过网站只是云计算应用和服务的缩影，云计算强大的功能正在移动互联网、大数据时代崭露头角。

云计算能够利用现有的 IT 基础设施在极短的时间内处理大量的信息以满足动态网络的高性能的需求。

2．资源利用率需求

能耗是企业特别关注的问题。大多数企业服务器的计算能力使用率很低，但同样需要消耗大量的能源进行数据中心降温。引入云计算模式后可以通过整合资源或租用存储空间、租用计算能力等服务来降低企业运行成本和节省能源。

同时，利用云计算将资源集中，统一提供可靠服务，并能减少企业成本，提升企业灵活性，企业可以把更多的时间用于服务客户和进一步研发新的产品上。

3．简单与创新需求

在实际的业务需求中，越来越多的个人用户和企业用户都在期待着计算机操作能简单化，能够直接通过购买软件或硬件服务而不是软件或硬件实体，为自己的学习、生活和工作带来更多的便利，能在学习场所、工作场所、住所之间建立便利的文件或资料共享的纽带。而对资源的利用可以简化到通过接入网络就可以实现自己想要实现的一切，就需要在技术上有所创新，利用云计算来提供这一切，将我们需要的资料、数据、文档、程序等全部放在云端实现同步。

4．其他需求

连接设备、实时数据流、SOA 的采用以及搜索、开放协作、社会网络和移动商务等的移动互联网应用急剧增长，数字元器件性能的提升也使 IT 环境的规模大幅度提高，从而进一步加强了由统一的云进行管理的需求。

个人或企业希望按需计算或服务，能在不同的地方实时实现项目、文档的协作处理，能在繁杂的信息中方便地找到自己需要的信息等需求也是云计算兴起的原因之一。

人类历史不断地证明生产力决定生产关系，技术的发展历史也证明了技术能力决定技术的形态，纵观整个信息技术的发展历史（见图 2-15），可以看出信息产业发展有两个重要的内在动力在不同时期起着作用：硬件驱动力、网络驱动力。这两种驱动力量的对比和变化决定着产业中不同产品的出现时期以及不同形态的企业出现和消亡的时间。也正是这两种驱动力的力量变化造成了信息产业技术体系的分分合合，技术的形态也经历了从合到分和从分到合的两个过程，由最早集中的计算到个人计算机分散的计算再到集中的云计算。整个信息产业中出现的各种产品模式和企业模式都能在图中找到位置，这幅图既能解释产业历史又能预测产业未来，是我们解开很多产业困惑的钥匙。

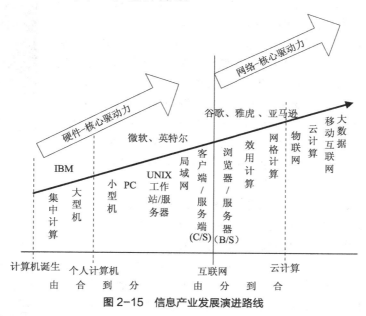

图 2-15　信息产业发展演进路线

硬件驱动的时代诞生了 IBM、微软、Intel 等企业。20 世纪 50 年代最早的网络开始出现，信息产业的发展驱动力中开始出现网络的力量。但当时网络性能很弱，网络并不是推动信息产业发展的主要动力，处理器等硬件的影响还占绝对主导因素。但随着网络的发展，网络通信带宽逐步加大，从 20 世纪 80 年代的局域网到 20 世纪 90 年代的互联网，网络逐渐成为了推动信息产业发展的主导力量，这个时期诞生了百度、谷歌、亚马逊等企业。直到云计算的出现才标志着网络已成为信息产业发展的主要驱动力，此时技术的变革即将出现。

2.4.2　为云计算与大数据发展做出贡献的科学家

在云计算与大数据的发展过程中不少科学家都做出了重要的贡献，让我们向这些科学家表示崇高的敬意。

● 超级计算机之父——西摩·克雷（Seymour Cray）（见图2-16）

在人类解决计算和存储问题的历程中，西摩·克雷成为了一座丰碑，被称为超级计算机之父。西摩·克雷，生于1925年9月28日，美国人，1958年设计建造了世界上第一台基于晶体管的超级计算机，成为计算机发展史上的重要里程碑。同时也对精简指令（RISC）高端微处理器的产生有重大的贡献。1972年，他创办了克雷研究公司，公司的宗旨是只生产超级计算机。此后的十余年中，克雷先后创造了Cray-1、Cray-2等机型。作为高性能计算机领域中最重要的人物之一，他亲手设计了Cray全部的硬件与操作系统。Cray机成为了从事

图2-16　西摩·克雷

高性能计算学者中永远的记忆，到1986年1月为止，世界上有130台超级计算机投入使用，其中大约90台是由克雷的上市公司——克雷研究所研制的。美国的《商业周刊》在1990年的一篇文章中曾这样写道："西摩·克雷的天赋和非凡的干劲已经给本世纪的技术留下了不可磨灭的印记"。2013年11月高性能计算Top500排行中第2名和第6名均为Cray机。

● 云计算之父——约翰·麦卡锡（John McCarthy）（见图2-17）

约翰·麦卡锡1927年生于美国，1951年获得普林斯顿大学数学博士学位。他因在人工智能领域的贡献而在1971年获得图灵奖，麦卡锡真正广为人知的称呼是"人工智能之父"，因为他在1955年的达特矛斯会议上提出了"人工智能"这个概念，使人工智能成为了一门新的学科。1958年发明了LISP语言，而LISP语言中的MapReduce在几十年后成为了Google云计算和大数据系统中最为核心的技术。麦卡锡更为富有远见的预言是他在1960年提出的"今后计算机将会作为公共设施提供给公众"，这一观点与现在的云计算的理念竟然丝毫不差。正是由于他提前半个多世纪就预言了云计算这种新的模式，因此我们将他称为"云计算之父"。

图2-17　约翰·麦卡锡

● 互联网之父——蒂姆·伯纳斯·李（Tim Berners-Lee）（见图2-18）

云计算的出现得益于网络的发展，特别是互联网的出现大大推动了网络技术的发展，从而使资源和服务能通过网络提供给用户。蒂姆·伯纳斯·李1955年生于英国，是英国皇家学会会员，英国皇家工程师学会会员，美国国家科学院院士。1989年3月他正式提出万维网的设想，1990年12月25日，他在日内瓦的欧洲粒子物理实验室里开发出了世界上第一个网页。最为让人值得尊敬的是他把这一技术免费公开并推广到全世界，这是一个真正科学家的胸怀。

让我们再次访问世界上第一个网页 http://info.cern.ch 以表示向他的敬意。由于他的杰出贡献，他被称为"互联网之父"。

图2-18　蒂姆·伯纳斯·李

● 大数据之父——吉姆·格雷（Jim Gray）（见图 2-19）

云计算和大数据是密不可分的两个概念，云计算时代网络的高度发展，每个人都成为了数据产生者，物联网的发展更是使数据的产生呈现出随时、随地、自动化、海量化的特征，大数据不可避免地出现在了云计算时代。吉姆·格雷生于 1944 年，在著名的加州大学伯克利分校计算机科学系获得博士学位，是声誉卓著的数据库专家，1998 年度的图灵奖获得者。2007 年 1 月 11 日在美国国家研究理事会计算机科学与通信分会上吉姆·格雷明确地阐述了科学研究第四范式，认为依靠对数据分析挖掘也能发现新的知识，这一认识吹响了大数据前进的号角，计算应用于数据的观点在当前的云计算大数据系统中得到了大量的体现。在他发

图 2-19　吉姆·格雷

表这一演讲后的十几天，2007 年 1 月 28 日格雷独自驾船出海就再也没有了音讯，虽然经多方的努力搜索却没有发现一丝他的信息，人们再也没能见到这位天才的科学家。

2.4.3　云计算与大数据的国内发展现状

云计算与大数据概念进入中国以来，国内高度重视云计算产业和技术的发展，中国电子学会率先成立了云计算专业委员会，并在 2009 年举办了第一届中国云计算大会。该委员会在大会后来每年举办一次，成为云计算领域的一个重要会议，同时每年出版一本《云计算技术发展报告》，报道当年云计算的发展状况。中国计算机学会于 2012 年成立了大数据专家委员会，2013 年发布了《中国大数据技术与产业发展白皮书》，并举办了第一届 CCF 大数据学术会议。

国内的研究机构也纷纷开展云计算、大数据研究工作，如清华大学、中国科学院计算所、华中科技大学、成都信息工程学院并行计算实验室都在开展相关的研究工作。科研人员逐步发现在云计算的体系下，有大量需要研究解决的问题，如理论框架、安全机制、调度策略、能耗模型、数据分析、虚拟化、迁移机制等。自"第四范式"提出后，数据成为科学研究的对象，大数据概念成为云计算之后信息产业的又一热点，成为科研领域研究的热点。国家自然科学基金反映了我国科研领域的进展，2009～2013 年云计算、大数据、数据中心方向的国家自然科学基金立项数据如图 2-20 所示。

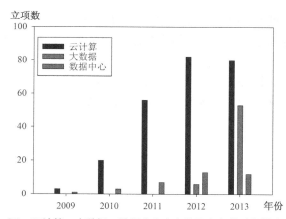

图 2-20　云计算、大数据、数据中心方向的国家自然科学基金立项情况

三个方向在过去的 4 年中经历了迅速发展的过程，云计算从 2008 年开始进入中国，2009

年开始有项目立项，之后云计算立项数目开始快速增长，成为三个方向中立项数目最多的方向。大数据的概念较为新颖，自 2012 开始提出，当年立项 6 项，2013 年这一数字便迅速攀升至 53 项，充分体现大数据在科研领域受到的重视程度。云计算和大数据的发展推动数据中心规模的不断增加，数据中心的建设、运营面临很多新问题，数据中心也成为相关的研究热点。

　　国内的企业也对云计算、大数据给予了高度关注，华为、中兴、阿里、腾讯都宣布了自己庞大的云计算计划。这些企业多年来积累的数据在大数据时代将发挥巨大作用。数据分析、数据运营的作用已经显现出来，拥有用户数据的 IT 企业对传统的行业产生了巨大影响，"数据为王"的时代正在到来。

练习题

1. 实现大数据的分析通常需要从两个方面来着手：一个是＿＿＿＿＿＿，另一个是＿＿＿＿＿＿。
2. 什么是大数据，产生大数据的原因有哪些？
3. 目前，人类认识世界的方法或手段有＿＿＿＿＿＿、＿＿＿＿＿＿、＿＿＿＿＿＿和＿＿＿＿＿＿。
4. 可以用大数据系统处理的数据源类型有＿＿＿＿＿＿、＿＿＿＿＿＿、＿＿＿＿＿＿；目前，主要的大数据处理系统有＿＿＿＿＿＿、＿＿＿＿＿＿、＿＿＿＿＿＿、＿＿＿＿＿＿和＿＿＿＿＿＿。
5. 简述大数据处理的基本流程。
6. 集群系统是一个互相通过＿＿＿＿＿＿所构成的分布式系统，集群中的每一个节点都具有＿＿＿＿＿＿系统，和共享存储系统相比集群是一种＿＿＿＿＿＿的系统。
7. 什么是 Beowulf 系统，其主要特点有哪些？
8. 当前的大数据系统主要可以分为＿＿＿＿＿＿和＿＿＿＿＿＿两大类；Hadoop 就是一个典型的＿＿＿＿＿＿系统，Storm 就是一个典型的＿＿＿＿＿＿系统。
9. 集群中的一致性要求在对同一个数据进行并发访问时系统能返回＿＿＿＿＿＿的结果，一般来说，一致性可以分为＿＿＿＿＿＿、＿＿＿＿＿＿和＿＿＿＿＿＿三种类型。
10. MapReduce 的思想来源是＿＿＿＿＿＿语言。
11. 在信息产业的发展历程中，＿＿＿＿＿＿、＿＿＿＿＿＿作为两个重要的内在动力在不同时期起着重要作用。
12. ＿＿＿＿＿＿建造了世界上第一台基于晶体管的超级计算机，被誉为"超级计算机之父"。
13. ＿＿＿＿＿＿最早预言了"今后计算机将会作为公共设施提供给公众"，被誉为"云计算之父"。
14. 万维网的发明人、世界上第一个网页的开发者是＿＿＿＿＿＿。
15. ＿＿＿＿＿＿提出了第四范式，被誉为"大数据之父"。

## PART 3

第 3 章
虚拟化技术

　　虚拟化技术和并行计算、分布式计算、网格计算等技术的发展促进了云计算技术的产生和发展。通过云计算技术，我们将大量的计算机资源组成资源池来创建高度虚拟化的资源提供给用户，即云计算技术解决方案依靠并利用虚拟化提供服务。虚拟化技术主要应用在基础设施即服务的服务模式（IaaS）中，大多资源都可以通过虚拟化技术对其进行统一管理。

　　虚拟化在计算机领域的发展至今已有 50 多年了，在这期间产生了很多种虚拟化形式，如网络虚拟化、微处理器虚拟化、桌面虚拟化等。这些虚拟化技术的产生和成熟离不开计算机技术的发展。虚拟化从概念上来说就是将在实际环境运行的程序、组件，放在虚拟的环境中来运行，从而达到以小的成本来实现与真实环境相同或类似功能的目的。

3.1　虚拟化技术简介

3.1.1　虚拟化技术的发展

　　早期的计算机大多用于科学计算，计算机不仅价格昂贵，而且硬件资源的利用率低，用户的体验效果也差强人意，从而有了分时系统的提出。为了满足分时系统的需求，克里斯托弗（Christopher Strachey）提出了虚拟化的概念。在 1959 年召开的国际信息处理大会上，其发表了一篇名为《大型高速计算机中的时间共享》（*Time Sharing in Large Fast Computers*）的学术报告，在这篇文章中他提出了虚拟化的基本概念。

　　在随后的 10 年中，由于当时工业、科技条件的限制，计算机的硬件资源是相当昂贵的。IBM 在 1956 年推出的首部磁盘储存器件，总容量仅 5MB，但是平均每 MB 需花费 1 万美元。这远远超出了普通大众的承受范围，严重阻碍了人们对计算机的购买力。为了使昂贵的硬件资源得到充分利用，来提高自己的销售额，IBM 最早发明了一种操作系统虚拟机技术，能够让用户在一台主机上运行多个操作系统，IBM 7044 计算机就是典型的代表。随后虚拟化技术一直只在大型机上应用，而在 PC、服务器的 x86 平台上仍然进展缓慢。

　　随着科技水平的提高，计算机硬件资源的价格逐渐降低，从 20 世纪 90 年代末开始，x86 计算机由于其成本低廉渐渐代替大型机，为了抢占市场的份额，VMware 就在考虑如何节省客户的开支，来提高自己产品的竞争力。这时，就有了虚拟化技术的再次发展。以 VMware 为代表的虚拟化软件产商率先实施了以虚拟机监视器为中心的软件解决方案，为虚拟化技术在 x86 计算机环境的发展开辟了道路。

　　最近的十几年间，诸多厂商（如微软、Intel 公司、AMD 公司等）都开始进行虚拟化技术的研究。为了与 VMware 展开直接的竞争，微软开发了 Hyper-V 技术。微软凭借其强大的技术支持，成为小企业市场 VMware 的主要竞争对手。同时，虚拟化技术的飞速发展也引起了芯片厂商的重视，Intel 公司和 AMD 公司在 2006 年以后都逐步在其 x86 处理器中增加了硬件虚拟化功能。

2008 年以后，云计算技术的发展推动了虚拟化技术成为研究热点。由于虚拟化技术能够屏蔽底层的硬件环境，充分利用计算机的软硬件资源，是云计算技术的重要目标之一，虚拟化技术成为切分型云计算技术的核心技术。虚拟化对云计算技术的发展产生重大意义的是基于 x86 架构的服务器虚拟化技术。

3.1.2 虚拟化技术的优势和劣势

1. 虚拟化技术的优势

虚拟化技术的出现和发展提高了资源的利用率，使得企业能以更低的成本获得更大的收益。从总体上而言，虚拟化的优势体现在以下几个方面。

（1）虚拟化技术可以提高资源利用率

传统的 IT 企业为每一项业务分配一台单独的服务器，服务器的实际处理能力往往远超服务器的平均负载，使得服务器大部分时间都处于空闲状态，造成资源的浪费。而虚拟化技术可以减少必须进行管理的物理资源的数量，隐藏了物理资源的部分复杂性。为了达到资源的最大利用率，虚拟化还把一组硬件资源虚拟化为多组硬件资源，并动态地调整空闲资源，减小服务器的规模。例如，VMware 的用户在使用 VMware 的虚拟基础架构解决方案之后服务器的利用率通常可由原先的 5%～15% 提升到 60%～80%。

（2）提供相互隔离、高效的应用执行环境

虚拟化技术能够实现较简单的共享机制无法实现的隔离和划分，从而对数据和服务进行可控和安全的访问。例如，用户可以在一台计算机上模拟多个不同、相互之间独立的操作系统，这些虚拟的操作系统可以是 Windows 或 Linux 系统。其中的一个或多个子系统遭受攻击而崩溃时，不会对其他系统造成影响。在使用备份机制后，受到攻击的子系统可以快速恢复。

（3）虚拟化可以简化资源和资源的管理

计算机有硬盘、磁盘等硬件资源和 Web 服务等软件资源。用户对计算机资源进行访问是通过标准接口来进行的。使用标准接口的好处是用户不用知道虚拟资源的具体实现。底层的基础设施发生变化时，只要标准接口没有发生变化，用户基本上感受不到这种变化。这是因为，与用户直接接触的是标准接口，虽然底层的具体实现发生改变，但是用户与虚拟资源进行交互的方式并没有改变。

传统的 IT 服务器资源是硬件相对独立的个体，对每一种资源都要进行相应的维护和升级，会耗费大量的人力、物力。而虚拟化系统降低了用户与虚拟资源之间的耦合度，利用这种松耦合的关系，管理者可以在对用户影响最小的基础上对资源进行管理。此外，虚拟化系统还将资源进行整合，在管理上相对而言比较方便，在升级时也只需添加动作，从而提高工作效率。

（4）虚拟化技术实现软件和硬件的分离

用户在同一个计算机系统上可以运行多个软件系统，不同的软件系统通过虚拟机监视器（Virtual Machine Monitor，VMM）来使用底层的硬件资源，从而实现多个软件系统共享同一个硬件资源，达到软件和硬件的分离。这样，在虚拟化的统一的资源池能够运行更多的软件系统，充分利用已有的硬件资源。

2．虚拟化技术的劣势

任何事物都是有利有弊的，虚拟化技术也不例外。物理计算机上的硬件用的时间久了很可能会损坏，其上的软件也要定时地更新，防止病毒的感染。虚拟化技术由于是针对实际的计算机来进行的，虚拟化技术方案的部署、使用也有一些劣势。

（1）可能会使物理计算机负载过重

虚拟化技术虽然是在虚拟的环境中运行的，但是其并不是完全虚拟的，依然需要硬件系统的支持。以服务器虚拟化为例，一台物理计算机上可以虚拟化出多台客户机，每台客户机上又可以安装多个应用程序。若这些应用程序全部运行的话，就会占用大量的物理计算机的内存、CPU 等硬件系统，从而给物理计算机带来沉重的负担，可能会导致物理计算机负载过重，使各虚拟机上的应用程序运行缓慢，甚至系统崩溃。

（2）升级和维护引起的安全问题

物理计算机的操作系统及操作系统上的各种应用软件都需要不定时地进行升级更新，以增强其抵抗攻击的能力。每台客户机也都需要进行升级更新。一台物理计算机上安装多台客户机，会导致在客户机上安装补丁速度缓慢。如果，客户机上的软件不能及时更新，则很可能会被病毒攻击，带来安全隐患。

（3）物理计算机的影响

传统的物理计算机发生不可逆转的损坏时，若不是作为服务器出现，则只有其自身受到影响。当采用虚拟化技术的物理计算机发生宕机时，其所有的虚拟机都会受到影响。在虚拟机上运行的业务也会受到一定程度的影响，甚至是损坏。此外，一台物理计算机的虚拟机往往会有相互通信，在相互通信的过程中，可能会导致安全风险。

3.1.3　虚拟化技术的分类

虚拟化技术从计算体系结构的层次上可分为指令集架构级虚拟化、硬件级虚拟化、操作系统级虚拟化、编程语言级虚拟化和数据库级虚拟化，其比较如表 3-1 所示。

表 3-1　5 种虚拟化技术的比较

虚拟化类型	虚拟化出的目标对象	所处位置	实例
指令集架构级虚拟化	指令集	指令集架构级	Bochs、VLIW
硬件抽象层虚拟化	计算机的各种硬件	应用层	VMWare、Virtual PC、Xen、KVM
操作系统层虚拟化	操作系统	本地操作系统内核	Virtual Server、Zone、Virtuozzo
编程语言层上的虚拟化	应用层的部分功能	应用层	JVM、CLR
库函数层的虚拟化	应用级库函数的接口	应用层	Wine

1．指令集架构级虚拟化

指令集架构级虚拟化是通过纯软件方法，模拟出与实际运行的应用程序（或操作系统）所不同的指令集去执行，采用这种方法构造的虚拟机一般称为模拟器（Emulator）。模拟器是将虚拟平台上的指令翻译成本地指令集，然后在实际的硬件上执行。其特点是简单、具有稳定性、可跨平台。当前比较典型的模拟器系统有 Bochs、VLIW 等。以 Bochs 为例，Bochs 是用 C++编写的模拟 x86 平台的模拟器。用户可以在任何编译运行 Bochs 的平台上模拟 x86 的各种硬件。并且在 Bochs 的仿真平台上可以安装大多数的操作系统。

2．硬件抽象层虚拟化

硬件抽象层虚拟化是指将虚拟资源映射到物理资源，并在虚拟机的运算中使用实实在在的硬件。即使用软件来虚拟一台标准计算机的硬件配置，如 CPU、内存、硬盘、声卡、显卡、光驱等，成为一台虚拟的裸机。这样做的目的是为客户机操作系统呈现和物理硬件相同或类似的物理抽象层。客户机绝大多数指令在宿主机上直接运行，从而提高了执行效率。但是，给虚拟机分配的硬件资源的同时虚拟软件本身也要占用实际硬件资源的，对性能损耗较大。虽然如此，硬件抽象层虚拟化的优点仍不可忽视。硬件抽象层的虚拟机具有以下优点：

（1）高度的隔离性；

（2）可以支持与宿主机不同的操作系统及应用程序；

（3）易于维护及风险低。

比较有名的硬件抽象层虚拟化解决方案有 VMWare、Virtual PC、Xen、KVM 等。以 Xen 为例，Xen 是剑桥大学开发的一个基于 x86 的开源虚拟机监视器，可以在一台物理机上执行多台虚拟机。它特别适用于服务器整合，具有性能高、占用资源少，节约成本等优点。

3．操作系统层虚拟化

操作系统层虚拟化是指通过划分一个宿主操作系统的特定部分，产生一个个隔离的操作执行环境。操作系统层的虚拟化是操作系统内核直接提供的虚拟化，虚拟出的操作系统之间共享底层宿主操作系统内核和底层的硬件资源。操作系统虚拟化的关键点在于将操作系统与上层应用隔离开，将对操作系统资源的访问进行虚拟化。使得上层应用觉得自己独占操作系统。操作系统虚拟化的好处是实现了虚拟操作系统与物理操作系统的隔离并且有效避免物理操作系统的重复安装。比较有名的操作系统虚拟化解决方案有 Virtual Server、Zone、Virtuozzo 及虚拟专用服务器（Virtual Private Server，VPS）。VPS 是利用虚拟服务器软件在一台物理机上创建多个相互隔离的小服务器。这些小服务器本身就有自己的操作系统，其运行和管理与独立主机完全相同。其可以保证用户独享资源，且可以节约成本。

操作系统虚拟化看似与硬件虚拟化出的虚拟机上安装的操作系统一样，都是产生多个操作系统，但操作系统虚拟化与硬件虚拟化之间还是有很多不同之处，区别如下。

（1）操作系统虚拟化是以原系统为模板，虚拟出的是原系统的副本，而硬件虚拟化虚拟的是硬件环境，然后真实地安装系统。

（2）操作系统虚拟化虚拟出的系统只能是物理操作系统的副本，而硬件虚拟化虚拟出的系统可以为不同的系统，如 Linux、Windows 等。

（3）虚拟出的系统间关系不同，操作系统虚拟化虚拟的多个系统有较强的联系，比如，多个虚拟系统能够同时被配置。原系统发生了改变，所有虚拟出的系统都会改变。而硬件虚拟化虚拟的多个系统是相互独立的，与原系统也没有联系，原系统的损坏不会殃及虚拟系统。

（4）性能损耗不同，操作系统虚拟化虚拟出的系统都是虚拟的，性能损耗低，而硬件虚拟化是在硬件虚拟层上实实在在安装的操作系统，性能损耗高。

4．编程语言层上的虚拟化

计算机若不安装操作系统和其他软件的话，就是一台裸机。操作系统和其他软件相对于裸机而言都是应用程序。编程语言层上的虚拟机是在应用层上创建的，并支持一种新定义的指令集。这一类虚拟机运行的是针对虚拟体系结构的进程级作业，通常这种虚拟机是作为一个进程在物理计算机系统中运行的，使用户感觉不到应用程序是在虚拟机上运行的。这种层次上的虚拟机主要有 JVM（Java Virtual Machine）和 CLR（Common Language Runtime）。以 JVM 为例，JVM 是通过在物理计算机上仿真模拟计算机的各种功能来实现的，是虚拟出来的计算机。JVM 使 Java 程序只需生成在 Java 虚拟机上运行的目标代码（字节码），就可以在多种平台上进行无缝迁移。

5. 库函数层的虚拟化

在操作系统中，应用程序的编写会使用由应用级的库函数提供的一组 API 函数。这些函数隐藏了一些操作系统的相关底层细节，降低了程序员的编程难度。库函数层的虚拟化就是对操作系统中的应用级库函数的接口进行虚拟化，创造出了不同的虚拟化环境。使得应用程序不需要修改，就可以在不同的操作系统中迁移。当然不同的操作系统库函数的接口不一样。如属于这类虚拟化的 Wine，是利用 API 转换技术做出 Linux 与 Windows 相对应的函数来调用 DLL，从而能在 Linux 系统中运行 Windows 程序。

3.2 常见虚拟化软件

3.2.1 VirtualBox

VirtualBox 是一款开源免费的虚拟机软件，使用简单、性能优越、功能强大且软件本身并不臃肿。VirtualBox 是由德国软件公司 InnoTek 开发的虚拟化软件，现隶属于 Oracle 旗下，并更名为 Oracle VirtualBox。其宿主机的操作系统支持 Linux、Mac、Windows 三大操作平台，在 Oracle VirtualBox 虚拟机里面，可安装的虚拟系统包括各个版本的 Windows 操作系统、Mac OS X（32 位和 64 位都支持）、Linux 内核的操作系统、OpenBSD、Solaris、IBM OS2 甚至 Android 4.0 系统等操作系统，在这些虚拟的系统里面安装任何软件，都不会对原来的系统造成任何影响。与同类的 VMware Workstation 虚拟化软件相比，VirtualBox 对 Mac 系统的支持要好很多，运行比较流畅，配置比较简单，对于新手来说也不需要太多的专业知识，很容易掌握，并且免费这一点也比商业化的 VMware Workstation 更吸引人，因此 VirtualBox 更适合预算有限的小环境。

3.2.2 VMware Workstation

VMware Workstation 是一款功能强大的商业虚拟化软件，和 VirtualBox 一样，仍然可以在一个宿主机上安装多个操作系统的虚拟机，宿主机的操作系统可以是 Windows 或 Linux，可以在 VMware Workstation 中运行的操作系统有 DOS、Windows 3.1、Windows 95、Windows 98、Windows 2000、Linux、FreeBSD 等。VMware Workstation 虚拟化软件虚拟的各种操作系统仍然是开发、测试 、部署新的应用程序的最佳解决方案。VMware Workstation 占的空间比较大，VMware 公司同时还提供一个免费、精简的 Workstation 环境——VMware Player，可在 VMware 官方网站下载使用。对于企业的 IT 开发人员和系统管理员而言，VMware Workstation 在虚拟网络、实时快照、拖曳共享文件夹、支持 PXE 等方面的特点使它成为必不可少的工具。

总体来看，VMware Workstation 的优点在于其计算机虚拟能力，物理机隔离效果非常优秀，它的功能非常全面，倾向于计算机专业人员使用，其操作界面也很人性化。VMware

Workstation 的缺点在于其体积庞大，安装时间耗时较久，并且在运行使用时占用物理机的资源较大。

3.2.3 KVM

KVM（Kernel-based Virtual Machine）是一种针对 Linux 内核的虚拟化基础架构，它支持具有硬件虚拟化扩展的处理器上的原生虚拟化。最初它支持 x86 处理器，但现在广泛支持各种处理器和操作系统，包括 Linux、BSD、Solaris、Windows、Haiku、ReactOS 和 AR-OS 等。基于内核的虚拟机（KVM）是针对包含虚拟化扩展（Intel VT 或 AMD-V）的 x86 硬件 Linux 的完全原生虚拟化解决方案。对半虚拟化（Paravirtualization）的有限支持也可以通过半虚拟网络驱动程序的形式用于 Linux 和 Windows Guest 系统。

尽管 KVM 是一个相对较新的虚拟机管理程序，但这个随主流 Linux 内核发布的轻量型模块提供简单的实现和对 Linux 重要任务的持续支持。KVM 使用很灵活，Guest 操作系统与集成到 Linux 内核中的虚拟机管理程序通信，直接寻址硬件，无需修改虚拟化的操作系统，这使得 KVM 成为更快的虚拟机解决方案。KVM 的补丁与 Linux 内核兼容，KVM 在 Linux 内核本身内实现，这进而简化对虚拟化进程的控制，但是没有成熟的工具可用于 KVM 服务器的管理，KVM 仍然需要改进虚拟网络的支持、虚拟存储的支持，并且增强安全性、高可用性、容错、电源管理、HPC/实时支持、虚拟 CPU 可伸缩性、跨供应商兼容性、VM 可移植性。

3.3 系统虚拟化

1．系统虚拟化的概念

系统虚拟化是指在一台物理计算机系统上虚拟出一台或多台虚拟计算机系统。虚拟计算机系统（简称虚拟机）是指使用虚拟化技术运行在一个隔离环境中的具有完整硬件功能的逻辑计算机系统，包括操作系统和应用程序。一台虚拟机中可以安装多个不同的操作系统，并且这些操作系统之间相互独立。虚拟机和物理计算机系统可以有不同的指令集架构，这样会使得虚拟机上的每一条指令都要在物理计算机上模拟执行，然而这会导致虚拟机性能低下。所以，我们一般使虚拟机的指令集架构与物理计算机系统相同。这样大部分指令都会在处理器上直接运行，只有那些需要虚拟化的指令才会在虚拟机上运行。

2．系统虚拟化的典型特征

说到虚拟机，就不得不提到虚拟机的特征。1974 年，波佩克和高柏在发表的文章"Formal Requirements for Virtualizable Third Generation Architectures"中指出虚拟机可以看作是物理机的一种高效隔离的复制，并指出虚拟机有同一性、高效性、受控性的 3 个典型特征。

同一性是指虚拟机的运行环境和物理机的运行环境在本质上应该是相同，表现形式上可以有所差别。

高效性是指软件在虚拟机上运行时，大部分是在硬件上运行的，只有少数是在虚拟机中运行的，从而在虚拟机中运行的软件的性能接近在物理机上运行的性能。

资源受控是指 VMM 完全控制和管理系统资源。

3．系统虚拟化的优点

系统虚拟化提供了多个相互隔离的执行环境，虚拟机之间隔离性，虚拟机与底层硬件之间的无关性所带来的好处是很难估量的。此外，虚拟化层作为特权层能够提供一些特有的功能。

（1）硬件无关性

虚拟机与底层硬件之间是虚拟化层，其与底层硬件之间并没有直接的联系。所以只要另一台计算机提供相同的虚拟硬件抽象层，一个虚拟机就可以无缝地进行迁移。

（2）隔离性

使用虚拟机，应用软件可以独立地在虚拟机上运行，不受其他虚拟机的影响。即使其他的虚拟机崩溃，也可以正常运行。这种隔离性的好处是可以在一台物理机虚拟出的多台虚拟机上进行不同的操作，相互之间没有影响。

（3）多实例

在一台物理机上可以运行多台虚拟机，而一台虚拟机上又可以安装多个操作系统。不同的虚拟机的繁忙、空闲时间又不同，这样虚拟机交错使用物理计算机的硬件资源，资源利用率比较高。

（4）特权功能

系统虚拟化的虚拟化层是在本地硬件与虚拟机之间，其将下层的资源抽象成另一种形式的资源，提供给上层的虚拟机使用。虚拟化层拥有更高的特权体现在虚拟化层中添加的功能不需要了解客户机的具体语义，实现起来更加容易，并且添加的功能具有较高的特权级，不能被客户机绕过。

3.3.1 服务器虚拟化

系统虚拟化的最大价值在于服务器虚拟化。服务器虚拟化是将系统虚拟化技术应用于服务器上，将一台或多台服务器虚拟化为若干台服务器使用。现在，数据中心大部分使用的是 x86 服务器，一个数据中心可能有成千上万台 x86 服务器。以前，出于性能、安全等方面的考虑，一台服务器只能执行一个服务，导致服务器利用率低下。服务器虚拟化是在一台物理服务器上虚拟出多个虚拟服务器，每个虚拟服务器执行一项任务。这样的话，服务器的利用率相对较高。

1．服务器虚拟化的分类

服务器虚拟化按虚拟的服务器台数可以分为以下 3 种类型。

（1）将一台服务器虚拟成多台服务器，即将一台物理服务器分割成多个相互独立、互不干扰的虚拟环境。

（2）服务器整合，就是多个独立的物理服务器虚拟为一个逻辑服务器，使多台服务器相互协作，处理同一个业务。

（3）服务器先整合、再切分，就是将多台物理服务器虚拟成一台逻辑服务器，然后再将其划分为多个虚拟环境，即多个业务在多台虚拟服务器上运行。

2．服务器虚拟化所需的技术

物理服务器有其不可缺少的关键部件，如 CPU、I/O 等。服务器虚拟化的关键技术是对 CPU、内存、I/O 硬件资源的虚拟化。下面对这 3 种硬件资源的虚拟化进行介绍。

（1）CPU 虚拟化

CPU 虚拟化技术是把物理 CPU 抽象成虚拟 CPU，任意时刻一个物理 CPU 只能运行一个虚拟 CPU 指令。每个客户操作系统可以使用一个或多个虚拟 CPU。在这些客户操作系统之间，虚拟 CPU 的运行相互隔离，互不影响。

在纯软件的 CPU 虚拟化中，有全虚拟化和半虚拟化两种不同的软件方案。全虚拟化是采用二进制动态翻译技术（Dynamic Binary Translation）来解决客户操作系统的特权指令问题。半虚拟化是通过修改客户操作系统来解决虚拟机执行特权指令的问题，即将所有敏感指令替换为对底层虚拟化平台的超级调用。这两种方案都会增加系统的复杂性和性能开销。

老式的 x86 CPU 不能有效地支持虚拟化，那时 CPU 虚拟化只能在软件层面上进行。随着硬件技术的发展，硬件的性能有了很大的提高，现在主流的 x86 CPU 开始在硬件层面上支持 CPU 虚拟化，从而就有了 CPU 的硬件辅助虚拟化。CPU 的硬件辅助虚拟化是在 CPU 中加入新的指令集和处理器运行模式来支持 CPU 虚拟化，使得系统软件能更加容易、高效地实现虚拟化功能。

CPU 的硬件辅助虚拟化主要有 Intel VT-x 和 AMD。以 VT-x 为例，VT-x 的原理是：首先，引入了根（VMX root operation）和非根（VMX non-root operation）两种操作模式，这两种模式统称为 VMX 操作模式。根操作模式是 VMM 运行所处的模式，其行为和早期的没有 VT-x 技术的 x86 CPU 相同。非根操作模式是客户机运行时所处的模式，提供了一个支撑虚拟机运行所需的 CPU 环境。这两种操作模式都有特权级 0～特权级 3，共 4 种特权级。在 VT-x 中，从非根操作模式到根操作模式的转换形式称为 VM-Exit. 而从根操作模式到非根操作模式的转换形式为 VM-Entry。此外，VT-x 还引入了保存虚拟 CPU 相关状态的 VMCS 来更好地支持 CPU 虚拟化。

（2）内存虚拟化

内存虚拟化是对宿主机的真实物理内存统一管理，虚拟化成虚拟的物理内存，然后分别供若干个虚拟机使用，使得每个虚拟机拥有各自独立的内存空间。

对于真实的操作系统而言，内存是从物理地址 0 开始的，且是连续的，至少在一些大粒度上是连续的。在虚拟化中，所有的客户操作系统可能会同时使用起始地址是 0 的物理内存，为了满足所有的客户操作系统的起始物理地址都是 0 且它们内存地址的连续性，VMM 引入了一层新的地址空间——客户机物理地址空间。

虚拟机监视器（VMM）通过虚拟机内存管理单元（Memory Management Unit，MMU）来管理虚拟机内存，即其负责分配和管理每个虚拟机的物理内存。客户机操作系统看到的是一个虚拟的物理内存地址空间（即客户机物理地址空间），不再是真正的物理内存地址空间。有了客户机物理地址空间就形成了两层地址映射，即应用程序所对应的客户机虚拟地址空间到客户机物理地址的映射，客户机物理地址到宿主机物理地址的映射。前一种映射是由客户机操作系统完成的，后一种是由 VMM 通过动态地维护镜像页表来管理的。

（3）I/O 虚拟化

在一台虚拟机上可以安装多个操作系统，这些客户操作系统都会对外设资源进行访问。但是，外设资源是有限的，为了使所有的客户操作系统都能访问外设资源，虚拟机监视器需通过 I/O 虚拟化的方式复用有限的外设资源。此时，VMM 截获客户操作系统对外设的访问请求，然后通过软件的方式模拟真实外设的效果。但是，并不要求完整地虚拟化出所有外设的所有接口。

I/O 虚拟化的第一步是发现设备，设备的发现取决于被虚拟的设备类型。设备类型不同，设备的发现方式也不同。以模拟一个完全虚拟的设备为例，这种虚拟设备所处的总线类型完全由 VMM 自行决定，VMM 可以自定义一套虚拟总线协议，也可以将虚拟设备挂在 PCI 总线上。第二步是截获访问，VMM 的工作是使客户机操作系统对其进行访问。VMM 会根据设备的不同性能提供不同的截获方式。例如，对于直接分配给客户操作系统并有端口 I/O 资源的设备，VMM 的处理方式是把该设备所属的端口 I/O 从 I/O 位图中打开，访问就会被处理器发送给系统总线，最后到达目标物理设备。

在 I/O 设备中有一种比较特殊的设备——网卡。网卡除了和一般的 I/O 设备一样作为虚拟机的共享设备外，还要解决虚拟机与外部网络或者虚拟机相互之间的通信问题。网卡虚拟化技术主要分为两类：虚拟网卡技术和虚拟网桥技术。虚拟网卡是指虚拟机中的网卡，是由模拟器通过软件的方法模拟出来的；虚拟网桥是指利用软件方法实现的。网桥其作用是在一台服务器中，使多块共享一块物理网卡的虚拟网卡对外表现为多块独立的网卡。

3.3.2 桌面虚拟化

桌面虚拟化依赖于服务器虚拟化，直观上来说就是将计算机的桌面进行虚拟化，是将计算机的桌面与其使用的终端设备相分离。桌面虚拟化为用户提供部署在云端的远程计算机桌面环境，用户可以使用不同的终端设备，通过网络来访问该桌面环境，即在虚拟桌面环境服务器上运行用户所需要的操作系统和应用软件。桌面虚拟化的应用软件安装在云端服务器上，即使本地服务器上没有应用软件，用户依然可以通过虚拟桌面来访问相关的应用。

1．桌面虚拟化的优势

（1）更灵活的访问和使用

传统的计算机桌面，需要在特定的设备上使用。例如，某用户的计算机桌面上安装了 Photoshop 软件，若要使用，只能用自己的那台计算机。虚拟桌面不是直接安装在设备上，而是部署在远程服务器上的。任何一台满足接入要求的终端设备在任何时间、任何地点都可以进行访问。例如，拥有虚拟桌面的用户，在上班的时候可以使用单位提供的客户端设备来访问虚拟桌面，在出行的路上可以使用智能手机、平板计算机上安装的客户端软件来访问虚拟桌面，更加方便、快捷。

（2）更低的用户终端配置

虚拟桌面部署在远程服务器上，所有的计算都在远程服务器上进行，而终端设备主要是用来显示远程桌面内容。终端设备没有必要拥有与远程服务器相似的配置，所以配置要求更低，维护相对而言也更加容易。

（3）更便于集中管控终端桌面

虚拟桌面并不是没有自己的个人桌面，其完全可以与本地的个人桌面同时存在，两者可以互不干扰。使用虚拟桌面，运营商将所有的桌面管理放在后端的数据中心中，数据中心可以对桌面镜像和相关的应用进行管理、维护。而终端用户不用知道具体的管理和维护，就可以使用经过维护后的桌面。

（4）更高的数据安全性

用户在虚拟桌面上所做的应用是在后台的数据中心中执行的，所产生的数据也存储在数据中心，并没有存储在用户的终端设备上。从而，用户终端设备的损坏对数据没有影响。此外，由于传统的物理桌面会接入内部网，一旦一个终端感染病毒，就可能殃及整个内部网络。而虚拟桌面的镜像文件受到感染，受影响的只是虚拟机，能很快地得到清除和恢复。

（5）更低的成本

虚拟桌面简化了用户终端，用户可以选择配置相对较低的终端设备，从而节省购买成本。同时，传统的计算机每台都要有一个桌面环境，而且这些计算机分布在世界各地，管理起来比较困难，管理成本也比较高。而虚拟桌面及其相关应用的管理和维护都是在远程服务器端运行的，成千上万的用户可以使用同一个虚拟桌面，从而降低了管理和维护的成本。

2．虚拟桌面的解决方案

用户开始使用桌面已经很多年了，最先是在自己的计算机上使用，现在已经形成了基于虚拟桌面基础架构（Virtual Desktop Infrastructure，VDI）和基于服务器计算技术（Server-Based Computing，SBC）两种技术解决方案，这两种技术方案都是一种端到端的桌面管理解决方案，如表 3-2 所示。

表 3-2　VDI 解决方案与 SBC 解决方案的比较

项目	VDI	SBC
服务器性能要求	高，需要能支持服务器虚拟化软件的运行	低，只要能部署操作系统及应用软件
用户支持扩展性	低，与服务器上能同时承载的虚拟机个数有关	高，与服务器上能同时支持的应用软件执行实例有关
方案实施复杂性	高，需要在安装和管理服务器虚拟化软件的前提下提供服务	低，只需要以传统方式安装和部署应用软件就可提供服务
桌面交付兼容性	高，支持 Linux 桌面、Windows 桌面等桌面上的应用	低，只支持 Windows 上的应用
桌面安全隔离性	高，依赖于虚拟机之间的安全隔离性	低，依赖于 Windows 操作系统进程之间的安全隔离性
桌面性能隔离性	高，依赖于虚拟机之间的性能隔离性	低，依赖于 Windows 操作系统进程之间的性能隔离性
终端应用程序兼容性	无，每一个桌面都是一个独立的工作站	有，依赖于操作系统的版本
提供服务的性能	高，在一个刀片上只有一个用户或少数几个用户	低，在一个刀片上的用户数相对较多

（1）基于 VDI 的虚拟桌面解决方案

基于 VDI 的虚拟桌面解决方案是基于服务器虚拟化的，拥有服务器虚拟化的所有优点。其原理是在远程数据中心的服务器上安装虚拟机并在其中部署用户所需要的操作系统及操作系统上的各种应用，此时虚拟桌面就是虚拟机上的操作系统及其上的各种应用。然后通过桌面显示协议将完整的虚拟桌面交付给终端用户使用。终端用户通过一对一的方式连接和控制运行在远端服务器上的实例。

桌面显示协议是指在远程桌面与终端之间所使用的通信协议，用于键盘等输入设备、显示设备等与桌面信息之间的数据传输。桌面显示协议是桌面虚拟化软件的核心部件。当前主流的显示协议包括 RDP（Remote Desktop Protocol）、PCoIP、SPICE、ICA 等。

基于 VDI 的虚拟桌面解决方案，用户可以"暂停"单个虚拟机，然后将它们从一个服务器迁移到另一个服务器。如果服务器端的 Windows XP 是基于 VMware VDI 基础架构的，数据中心的管理员就可以保有一些很酷的灵活性。例如，管理员可以通过管理控制台中的一个按钮来"移动"用户到另一台服务器上。用户会收到一个弹出框，显示"请稍等片刻"，然后服务器将 Windows XP 桌面 VM 的内存内容转储到磁盘，虚拟机将被置备到另一个物理硬件上。这整个过程大概需要不到 30s，而用户会正好回到他们离开的地方。这项技术的另一个用途是，管理员可能有一个额外的"超时"设置。例如，20min 后没有活动的用户会话将被中断（它仍然是在服务器上运行，但是从客户端断开连接）。如果在 1h 后用户仍然没有进行连接，该系统就可以"暂停"会话并转储内存内容到磁盘，然后释放出硬件资源供其他的用户使用。每当该用户连接时，会话将重新开始，无论过了多久，用户都将回到他们离开的地方。

（2）基于 SBC 的虚拟桌面解决方案

基于 SBC 的虚拟桌面解决方案的原理是在数据中心内的物理机上直接安装、运行操作系统和应用软件，此时的桌面就是服务器上的物理桌面。用户通过和服务器建立的会话对服务器桌面及相关应用进行访问和操作。这类解决方案在服务器上部署的操作系统是必须支持多用户多会话的，并且允许多个用户共享操作系统桌面。同时，用户会话产生的输入/输出数据被封装为桌面交付协议格式在服务器和客户端之间传输。

基于 SBC 的虚拟桌面解决方案，管理员可以在一个数据中心的服务器上运行 50～75 个的桌面会话，并且该服务器的一个实例是由 Windows 来管理的，当使用 VDI 方案时，若有 50～75 个用户就要有 50～75 个操作系统，每一个操作系统都要进行配置、管理、维护，浪费人力、物力。

3.3.3　网络虚拟化

网络虚拟化并不是一个新的概念，它的提出已有十余年，但是其依然处在早期的运用阶段。由于在不同的虚拟机之间可以建立一个私有的虚拟网络，可以说，网络虚拟化是服务器虚拟化产品的一部分。

网络虚拟化一般是指虚拟专用网。虚拟专用网对网络连接进行了抽象，远程用户可以像物理连接在组织内部网络的用户一样来访问该网络。虚拟专用网络是通过一个公用网络建立一个临时的、安全的连接，是一条穿过混乱的公用网络的安全、稳定隧道。使用这条隧道可以对数据进行几倍加密，达到安全使用互联网的目的。虚拟专用网可以保护网络环境，使用户能够快捷、安全地访问组织内部的网络。

网络虚拟化还有另外一种形式——虚拟局域网。虚拟局域网能把一个物理局域网中的节点在逻辑上划分为多个虚拟局域网，或者是把多个物理局域网中的节点划分到一个虚拟局域网中。每一个虚拟局域网都有一组相同需求的计算机工作站，其工作方式与物理局域网类似。虚拟局域网增强了网络安全和网络管理。例如，在同一个虚拟局域网中的计算机工作站之间的通信与直接在独立的交换机上运行是一样的，虚拟局域网中的广播只有虚拟局域网中的计算机工作站才能收到，控制了不必要的广播风暴的产生。

3.4　任务　使用 KVM 构建虚拟机群

KVM 是 Kernel-based Virtual Machine 的简称，是一个开源的系统虚拟化模块，自 Linux 2.6.20 之后集成在 Linux 的各个主要发行版本中。它使用 Linux 自身的调度器进行管理，所以相对于 Xen，其核心源码很少。KVM 目前已成为学术界的主流 VMM 之一。

3.4.1　子任务 1　系统环境设置

【任务内容】

本子任务完成主机的系统环境设置、安全设置，配置 IP 地址，检查网络是否连通，查看

CPU 是否支持硬件虚拟化，设置桥接方式。

【实施步骤】

（1）关闭 NetworkManager 服务，操作如下。

```
# service NetworkManager stop
# chkconfig NetworkManager off
```

（2）配置 IP 地址，测试其连通性。

（3）为了方便操作，关闭系统防火墙，关闭 selinux，操作如下。

```
# service iptables stop
# chkconfig iptables off
# setenforce permissive
# vi /etc/selinux/config
```

将 "/etc/selinux/config" 配置文件中 "SELINUX=enforcing" 改为 "SELINUX=disabled"。

（4）查看 CPU 是否支持硬件虚拟化，操作如下。

```
# grep -E -o 'vmx|svm' /proc/cpuinfo
```

如果有 "vmx" 字样，则表示 CPU 支持 Intel-V 虚拟化技术；如果有 "svm" 字样，则表示 CPU 支持 AMD-V 虚拟化技术；如果没有任何显示则表示不支持硬件虚拟化。

如果 kvm 使用软件虚拟化，则启动虚拟机会很慢。

（5）设置桥接方式，操作如下。

```
# cd /etc/sysconfig/network-scripts/
# cp ifcfg-eth0 ifcfg-br0
```

编辑以太网卡配置文件 ifcfg-eth0，在文件末尾添加 BRIDGE=br0。

（6）修改桥接配置文件 ifcfg-br0，操作如下。

```
# vi ifcfg-br0
```

修改的内容如下。

```
DEVICE=br0
TYPE=bridge
```

（7）重启网络，操作如下。

```
# service network restart
# ifup br0
```

（8）设置开机自动启动 br0 设备，操作如下。

```
# vi /etc/rc.d/rc.local
```

在文件末尾添加如下内容。

```
ifup br0
```

3.4.2　子任务 2　安装虚拟化软件包

【任务内容】

完成 KVM 虚拟化软件的安装，安装主要使用图形工具软件和 yum 命令安装。

【实施步骤】

（1）图形工具软件安装

① 运行添加删除软件，打开 "系统—管理—添加/删除软件"，如图 3-1 所示。

② 选择"添加/删除软件"后，选择"虚拟化、虚拟化客户端、虚拟化平台"安装，也可以完整安装所有虚拟化软件包，如图 3-2 所示。

图 3-1 运行添加删除程序

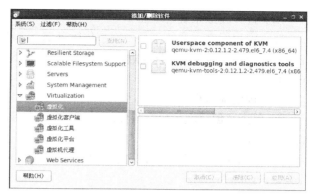

图 3-2 安装虚拟化软件软件包

（2）yum 命令安装

① 安装 qemu-img 和 qemu-kvm 软件。

qemu-img 命令行工具是 Xen 和 KVM 用来格式化各种文件系统的，可使用 qemu-img 格式化虚拟客户端映像、附加存储设备以及网络存储。qemu-kvm 是为了针对 KVM 专门做了修改和优化的 QEMU 分支。qemu-kvm-tools 为诊断测试工具包。安装操作如下。

```
# yum -y install qemu-img qemu-kvm qemu-kvm-tools
```

② 安装虚拟化客户端。

virt-manager 是基于 libvirt 的图像化虚拟机管理软件，virt-viewer 是用于显示虚拟机的图形控制台最小的工具，控制台使用 VNC 或 SPICE 协议，virt-v2v 是迁移虚拟机工具。安装操作如下。

```
# yum -y install python-virtinst
# yum -y install virt-manager virt-viewer virt-v2v
```

③ 安装 libvirt。

libvirt 是一套免费、开源的支持 Linux 下主流虚拟化工具的 C 函数库，其旨在为包括 Xen 在内的各种虚拟化工具提供一套方便、可靠的编程接口，支持与 C、C++、Ruby、Python、Java 等多种主流开发语言的绑定。当前主流 Linux 平台上默认的虚拟化管理工具 virt-manager（图形化），virt-install（命令行模式）等均基于 libvirt 开发而成。安装操作如下。

```
# yum -y install libvirt
```

3.4.3 子任务 3 虚拟系统管理器的使用

【任务内容】

虚拟系统管理器 virt-manager 使用方便直观，适合初学者。本子任务是使用虚拟系统管理器完成虚拟机的安装。

【实施步骤】

（1）启动 libvirtd 服务

virt-manager 使用 libvirt 虚拟化库来管理可用的虚拟机管理程序。libvirt 公开了一个应用程序编程接口（API），该接口与大量开源虚拟机管理程序相集成，以实现控制和监视。操作如下。

```
# service libvirtd start
```

（2）打开虚拟系统管理器

打开应用程序—系统工具—虚拟化管理器，或者直接运行 virt-manager。打开虚拟系统管理器，如图 3-3 所示。

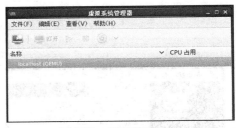

图 3-3 虚拟系统管理器

（3）创建虚拟机

① 单击"创建虚拟机"图标，输入虚拟机名称，如图 3-4 所示。

② 根据实际情况输入虚拟内存大小和虚拟 CPU 个数、需要分配磁盘空间等，选择虚拟机类型，如图 3-5 所示。

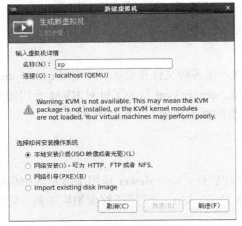

图 3-4 新建虚拟机名称

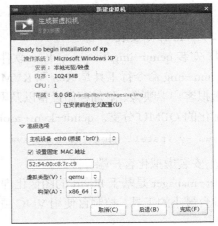

图 3-5 虚拟机基本信息

③ 完成后，选择打开虚拟机，开始安装系统，如图 3-6 所示。

④ 虚拟机运行状态。

查看虚拟机后台运行状态，如图 3-7 所示。

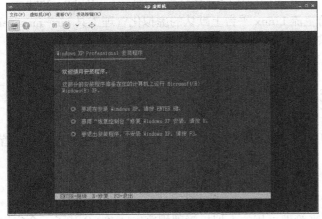

图 3-6 开始安装系统

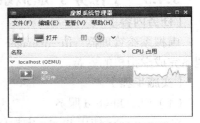

图 3-7 查看虚拟机后台运行情况

3.4.4 子任务 4 虚拟机的远程访问

【任务内容】

虚拟机的远程访问。虚拟机的远程访问有 3 种方法：使用 Remote Viewer 访问、使用 Tiger-vnc 访问、使用 spicec 访问。本子任务使用 Remote Viewer 访问虚拟机。

【实施步骤】

（1）打开 remote-viewer。

登录远程客户机，打开"应用程序→Internet→远程查看程序"或直接运行 Remote Viewer，如图 3-8 所示。

（2）如果使用 VNC 协议，则 URL 输入"vnc://IP 地址:端口号"；如果使用 SPICE，则 URL 输入"spice://IP 地址:端口号"，如图 3-9 所示。

图 3-8　运行远程查看程序　　　　　　　　图 3-9　远程连接

（3）单击"连接"按钮，如图 3-10 所示。

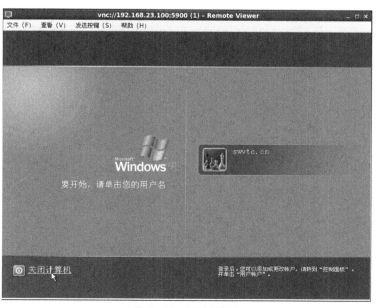

图 3-10　打开虚拟机

练习题

1. 虚拟化技术从计算体系结构层次上可分为以下 5 种类型：_____、_____、_____、_____和_____。

2. Popek 和 Goldberg 指出：虚拟机具有_____、_____和_____ 3 个特点。

3. 常用的虚拟化软件系统有_____、_____和_____。

4. 系统虚拟化具有_____、_____、_____和_____等优点。

5. 系统虚拟化可分为_____、_____和_____。

6. 服务器虚拟化按照其虚拟化的部件可分为_____、_____和_____。

7. 虚拟化技术有哪些优势和劣势？

8. 动手搭建 KVM 虚拟机群，并在搭建好的虚拟机中访问百度页面。

将服务器物理资源抽象成逻辑资源，让一台服务器变成几台甚至上百台相互隔离的虚拟服务器，不再受限于物理上的界限，而是让 CPU、内存、磁盘、I/O 等硬件变成可以动态管理的"资源池"，从而提高资源的利用率，简化系统管理，实现服务器整合，让 IT 对业务的变化更具适应力，这就是服务器虚拟化。

云计算是一种构建于虚拟化的高效资源池技术之上的计算方法，用于创建按需、弹性，实现自我管理且可以作为服务进行动态分配的虚拟基础架构。虚拟化使应用程序和信息从基础硬件基础架构的复杂性中解脱出来。

虚拟化不仅是云计算的基础技术，而且还使各种规模的组织在灵活性和成本控制方面有所改善。虚拟基础架构是云计算的基础。云计算依赖于可扩展的弹性模型来提供 IT 服务，而该模型本身依赖于虚拟化才可正常工作。

4.1 XenServer 简介

Citrix XenServer 作为一种开放的、功能强大的服务器虚拟化解决方案，可将静态的、复杂的数据中心环境转变成更为动态的、更易于管理的交付中心，从而大大降低数据中心成本。XenServer 是市场上唯一一款免费的、经云验证的企业级虚拟化基础架构解决方案，可实现实时迁移和集中管理多节点等重要功能。

Citrix Xenserver 基于 Linux 的虚拟化服务器，是在云计算环境中经过验证的企业级虚拟化平台，可提供创建和管理虚拟基础架构所需的所有功能。Citrix XenServer 是一种全面而易于管理的服务器虚拟化平台，基于强大的 Xen Hypervisor 程序之上。Xen 技术被广泛看作是业界最快速、最安全的虚拟化软件。XenServer 是为了高效地管理 Windows 和 Linux 虚拟服务器而设计的，可提供经济高效的服务器整合和业务连续性。

XenServer 直接在服务器硬件上运行而不需要底层操作系统，因而是一种高效且可扩展的系统。XenServer 的工作方式是从物理机中提取元素（例如硬盘驱动器、资源和端口），然后将其分配给物理机上运行。虚拟机（VM）是完全由软件组成的计算机，可以像物理机一样运行自己的操作系统和应用程序。VM 的运行方式完全类似于物理机，并且包含自己的虚拟（基于软件的）CPU、RAM、硬盘和网络接口卡（NIC）。

XenServer 是基于开源 Xen 系统管理程序创建的，作为一种精益化技术，XenServer 系统管理程序降低了总开销，XenServer 并提供了接近于本地的性能。XenServer 充分利用 IntelVT 平台和 AMD 虚拟化（AMD-V）平台进行硬件辅助虚拟化，XenServer 提供了更快速、更高效的虚拟化计算能力。XenServer 与其他基于封闭式专用系统构建的虚拟化产品不同，XenServer 的开放了 API。XenServer 可用于创建 VM、生成 VM 磁盘快照以及管理 VM 工作负载。

4.1.1　XenServer 优点

XenServer 可以整合服务器工作负载，进而节约电源、冷却和管理成本，更有效地适应不断变化的 IT 环境，优化利用现有的硬件，提高 IT 可靠性。其主要优点如下。

1．将 IT 成本降低 50%甚至更多

虽然服务器整合通常是实施服务器虚拟化的主要驱动因素，但企业可以获得更多优势，而不仅仅限于服务器总数量的减少。XenServer 虚拟化管理工具可以将服务器要求降低 10 倍。数据中心内的服务器整合可以降低功耗和管理成本，同时帮助打造更绿色环保的 IT 环境。

2．提高 IT 灵活性

虚拟化使数据中心可以灵活适应不断变化的 IT 要求。例如，XenServer 可以创建能无缝集成现有存储环境的虚拟基础架构。这样就可以缩短 IT 部门满足用户需求所需的时间。

3．最大限度地减少服务器宕机

XenServer 可以减少计划内服务器宕机，减小故障影响，预防灾难并搭建始终可用的虚拟基础架构。服务器和应用升级可以在正常工作时间完成。这样就可以减小对用户生产率的影响，节约成本。

4．确保服务器性能

XenServer 可以优化服务器工作负载的位置，提高性能和利用率，同时改进资源池内的服务器准备情况。这样便可确保始终能达到应用要求和预期。

4.1.2　XenServer 硬件要求

XenServer 至少需要两台单独的 x86 物理计算机，一台用作 XenServer 主机，另一台用于运行 XenCenter 应用程序。XenServer 主计算机完全专用于运行托管 VM 的 XenServer，不用于运行其他应用程序。运行 XenCenter 的计算机可以是满足硬件要求的任何通用 Windows 计算机，也可用于运行其他应用程序。

XenServer 主机的系统要求如下。

1．CPU

一个或多个 64 位 x86 CPU，主频最低为 1.5GHz，建议使用 2GHz 或更快的多核 CPU。要支持运行 Windows 的 VM，需要使用带有一个或多个 CPU 的 Intel VT 或 AMD-V64 位 x86 系统。如果 VM 运行受支持的半虚拟化 Linux，需要使用带有一个或多个 CPU 的标准 64 位 x86 系统。

 注　意　要运行 Windows VM，必须在 XenServer 主机上启用虚拟化硬件支持功能。这是 BIOS 中的一个选项。一般的 BIOS 可能禁用了虚拟化支持。有关详细信息，请参阅 BIOS 文档。

2．RAM

最低 2GB，建议 4GB 或更高容量。

3．磁盘空间

本地连接的存储（PATA、SATA、SCSI），最低磁盘空间为 16GB，建议使用 60GB 磁盘空间。如果从 SAN 通过多路径引导进行安装，则使用通过 HBA（而不是软件）的 SAN（有关兼容的存储解决方案的详细列表，请参阅 http://hcl.vmd.citrix.com）。

产品安装过程会生成两个 4GB 的 XenServer 主机控制域分区。

4．网络

100Mbit/s 或更快的 NIC。为实现更快速的 P2V 及导出/导入数据传输和 VM 实时迁移，建议使用 1 GB 或更快的 NIC。为实现冗余，建议使用多个 NIC。NIC 配置将因存储类型而异。

XenCenter 系统要求，如表 4-1 所示。

表 4-1　XenCenter 系统要求

操作系统	Windows 7 SP1 及 Windows Server 2003 SP2 以上
.NET Framework	版本 4
CPU	最低 750 MHz，建议使用 1 GHz 或更快的 CPU
RAM	最低 1 GB，建议 2 GB 或更高容量
磁盘空间	最低 100 MB
网络	100 Mb 或更快的 NIC
屏幕分辨率	最低 1024×768 像素

4.2　任务一 XenServer 部署

在物理服务器上安装 XenServer 主机软件、在 Windows 工作站上安装 XenCenter，最终将两者连接起来，以构成用来创建和运行虚拟机（VM）的基础结构。

XenServer 通常部署在服务器级的硬件上，XenServer 主机是 64 位 x86 服务器级计算机，专用于托管 VM。此计算机应运行经过优化及增强的 Linux 分区，并具有支持 Xen 的内核，可控制对 VM 可见的虚拟化设备与物理硬件之间的交互。

4.2.1　子任务 1 XenServer 的安装

【任务内容】

XenServer 直接安装在裸机硬件上，避免底层操作系统的复杂性、开销和性能瓶颈。本任务完成 XenServer 的基本安装，IP 地址设置等。

【实施步骤】

（1）将光盘放入服务器光驱，并从光驱启动，启动时按 F2，进入高级模式，如图 4-1 所示。

（2）在 boot:后，输入 shell，编辑 constants.py 配置文件，如图 4-2 所示。

修改 GPT_SU_SUPPORT 和 root_size 的值，如下所示。

```
GPT_SUPPORT = False          #用来关闭对 GPT 磁盘的支持，使用 MBR 磁盘
root_size = 20480            #把默认的 root 分区 4096 默认值 20480MB
```

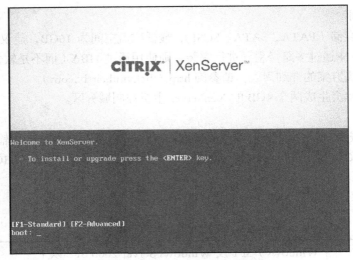

图 4-1 XenServer 安装界面

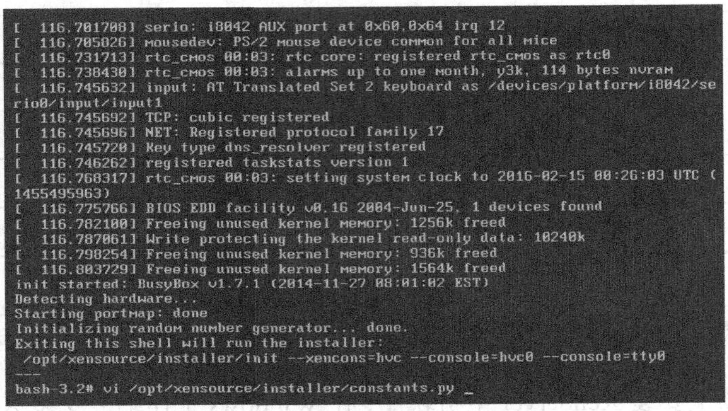

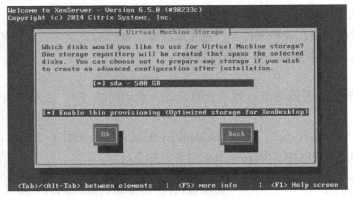

图 4-2 编辑配置文件

（3）保存后输入 exit，回到安装界面，选择 "[qwerty]us"，一直单击 OK 按钮继续，再单击 Accept EULA 按钮，再单击 "OK" 按钮继续，如果之前安装过其他的 XenServer 版本，则选择 "Perform clean installation"，单击 "OK" 按钮后再选择 "Enable thin provisioning"，为 XenDesktop 部署做优化，如果 4-3 所示。

图 4-3 虚拟机存储选择窗口

（4）选择本地媒体"Local Media"，继续下一步，不选择安装补丁包，直接跳过安装介质检查，系统开始安装，安装过程中系统提示输入密码，用户输入密码后，按提示选择第一个网卡作为管理使用，跳转到下一页面后继续配置静态 IP 地址，如图 4-4 所示。

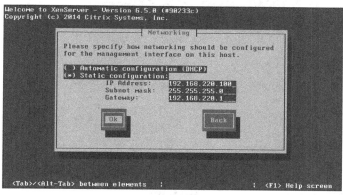

图 4-4　IP 地址设置

（5）输入主机名和 DNS，如图 4-5 所示。

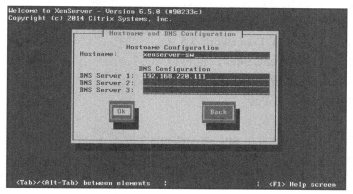

图 4-5　DNS 设置

（6）输入区域"Asia"和城市"Shanghai"后，选择"Manual time entry"，全部设置完成，单击"Install XenServer"开始安装系统，如图 4-6 所示。

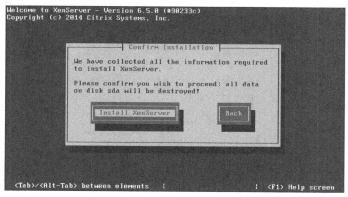

图 4-6　Install XenServer

（7）安装过程中会提示时间设置，用户输入时间后，单击"OK"按钮，等待完成，重启。至此 XenServer 服务器安装完成，如图 4-7 所示。

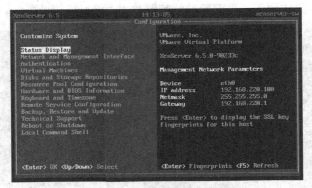

图 4-7　XenServer 启动后界面

4.2.2　子任务 2 XenCenter 的安装

【任务内容】

XenCenter 必须安装在可以通过网络连接到 XenServer 主机的远程 Windows 计算机上。此外，还必须在该工作站上安装.NET Framework 3.5 版。XenServer 安装介质附带 XenCenter，也可以从 www.citrix.com/ xenserver 下载最新版本。

本任务完成 XenCenter 的安装。

【实施步骤】

（1）下载文件 XenServer-6.5.0-SP1-XenCenter Setup.l10n.exe 到管理工作站，执行安装，如图 4-8 所示。

图 4-8　XenCenter 安装界面

（2）选择安装目录，按提示步骤完成安装，安装成功启动 XenCenter，如图 4-9 所示。

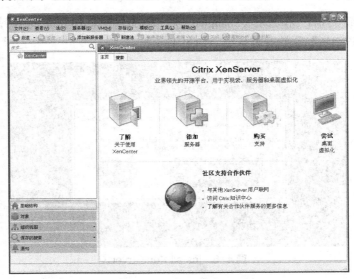

图 4-9　XenCenter 启动界面

（3）单击添加新服务器图标，在服务器字段中输入 XenServer 主机的 IP 地址，输入在 XenServer 安装期间所设置的 root 用户名和密码，单击添加，如图 4-10 所示。

图 4-10　添加服务器

（4）首次添加新主机时，将出现保存和还原连接状态对话框。在该对话框中，可以针对主机连接信息的存储及服务器连接的自动还原设置首选项。完成连接 xenserver-sw，如图 4-11 所示。

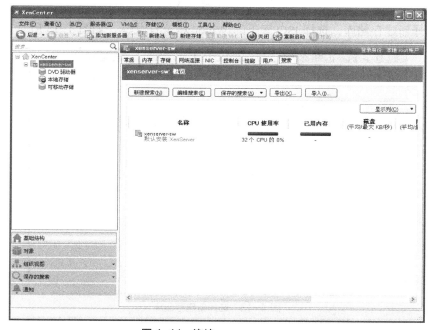

图 4-11　连接 xenserver-sw

4.2.3 子任务 3 制作模板

【任务内容】

模板制作需要 ISO 镜像包，通过 Windows 共享挂载共享文件，使用 ISO 包安装系统，最后制作为模板。本任务完成模板的制作。

【实施步骤】

（1）在管理工作站设置共享目录 iso，该目录含有 Windows 镜像包。右击"xenserver-sw"，单击"新建 SR(N)…"选项，如图 4-12 所示。

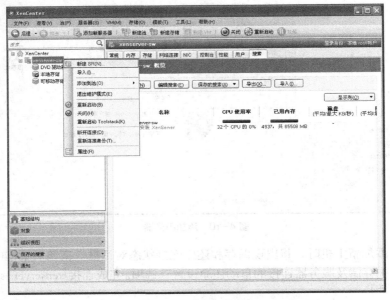

图 4-12　新建 SR(N)

（2）选择新建存储库，选择 ISO 库下的 Windows 文件共享，如图 4-13 所示。

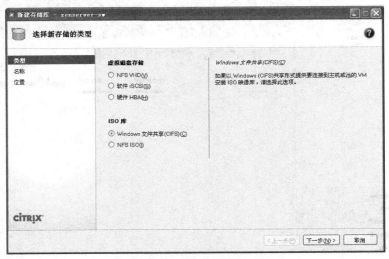

图 4-13　选择新建存储库

（3）在新建存储库的"名称"栏的名称框中输入 ISO，"位置"栏的表单输入 Windows 共享用户名和密码，如图 4-14 所示。

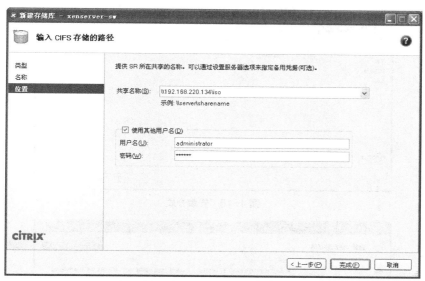

图 4-14　输入用户名和密码

（4）右击"xenserver-sw"，选择"新建 VM(M)..."，如图 4-15 所示。

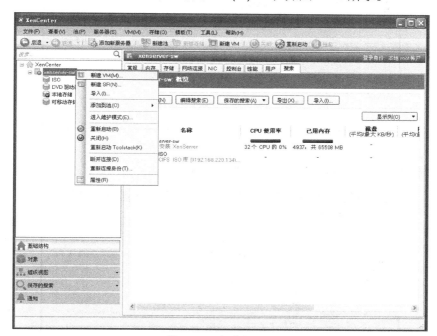

图 4-15　新建虚拟机

（5）选择模板类型，输入模板名称，选择安装介质，如图 4-16 所示。

（6）选择主服务器，设为 xenserver-sw。选择 CPU 和内存，设 vCPU 数为 2。拓扑为"2个插槽，每个插槽 1 个核心"，内存为 4096MB。选择存储，如图 4-17 所示，单击属性修改存储容量。

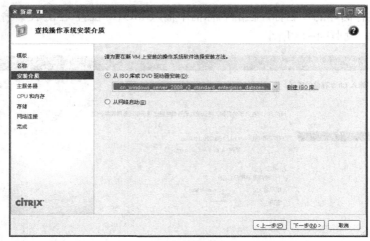

图 4-16　安装介质

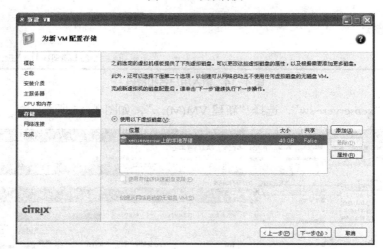

图 4-17　存储

（7）设置网络连接，最后完成设置，如图 4-18 所示。

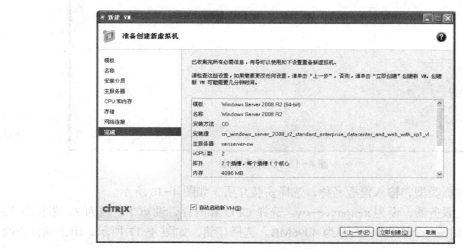

图 4-18　完成新建虚拟机的设置

（8）单击"立即创建"按钮后，打开控制台，如图 4-19 所示。

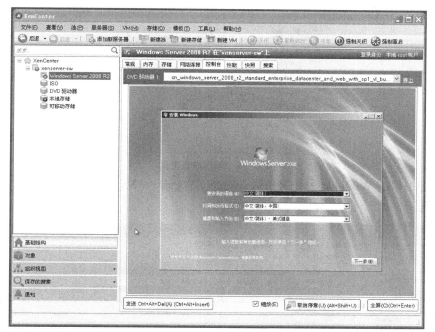

图 4-19　Windows 安装界面

（9）安装成功后，选择 DVD 驱动器，安装 XenServer Tools，如图 4-20 所示。

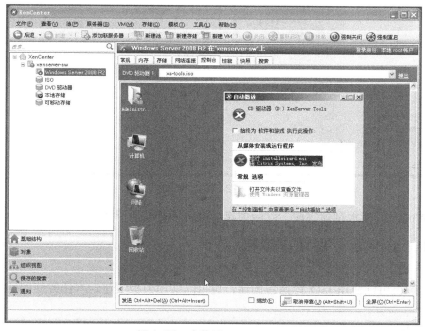

图 4-20　安装 Xserver Tools

（10）最后使用工具 sysprep 对 Windows 系统进行封装，如图 4-21 所示。该文件在目录 C:\Windows\System32\sysprep 下。

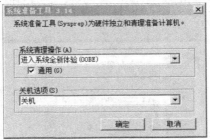

图 4-21　系统准备工具

（11）虚拟机的 Windows 系统关机后，右击"Windows Server2008R2"，单击"转换为模板(N)…"选项，如图 4-22 所示。

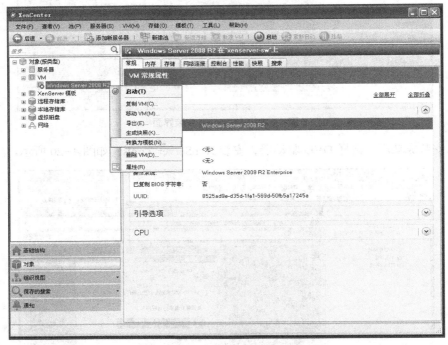

图 4-22　转换为模板

至此 Windows 模板创建完成，以后创建虚拟机就可以使用此模板。

4.2.4　子任务 4　创建虚拟机

【任务内容】

创建虚拟机可以使用 ISO 镜像包创建，也可以使用模板创建，本任务使用模板完成虚拟机的创建。

【实施步骤】

（1）在管理工作站运行 XenCenter，右击"Windows Server 2008R2"，单击"新建 VM(M)…"选项，如图 4-23 所示。

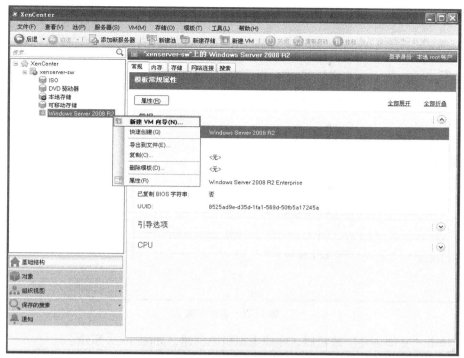

图 4-23 使用模板创建虚拟机

（2）选择模板，如图 4-24 所示。

图 4-24 选择模板

（3）输入名称、存储等信息，完成配置，如图 4-25 所示。

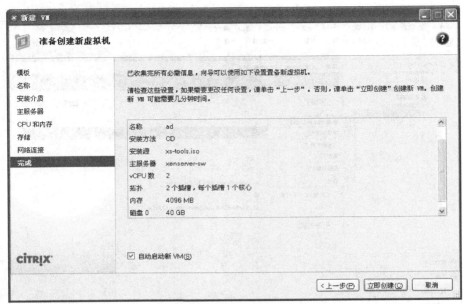

图 4-25　完成配置

（4）单击"立即创建"按钮后，完成虚拟机的创建，如图 4-26 所示。

图 4-26　完成虚拟机的创建

XenCenter 还有很多功能，如桌面交互、桌面配置、XenApp、PVS 服务、VM 热迁移等，这里不再做一一介绍。

4.3　VMware vSphere

VMware vSphere 使用虚拟化将数据中心转换为可扩展的聚合计算基础架构。虚拟基础架构在提供服务的方式方面为 IT 组织提供了更大的灵活性。虚拟基础架构还可以充当云计算的基础。VMware vSphere 能够为整个 IT 基础架构（如服务器、存储和网络）实现虚拟化。它将这些不同种类的资源组合起来，使严密、不灵活的基础架构得以转换为位于虚拟化环境中的简单、统一、易于管理的组件集合。

vSphere 的两个核心组件是 VMware ESXi 和 VMware vCenter Server。ESXi 是用于创建和运行虚拟机的虚拟化平台。vCenter Server 是一种服务，充当连接到网络的 ESXi 主机的中心管理员。vCenter Server 可用于将多个主机的资源加入资源池中并管理这些资源。vCenter Server 还提供了很多功能，用于监控和管理物理和虚拟基础架构。还以插件形式提供了其他 vSphere 组件，用于扩展 vSphere 产品的功能。

VMware vSphere 是业界首款云计算操作系统和私有云平台，VMware vSphere 可利用虚拟化功能将数据中心转换为简化的云计算基础架构。

可以登录 vmware 网站，了解更多信息，vmware 网址如下：

http://www.vmware.com/cn

4.3.1　VMware vSphere 体系结构

VMware vSphere 平台从其自身的系统架构来看，可分为 3 个层次：虚拟化层、管理层、接口层。这 3 层构建了 VMware vSphere 平台的整体，如图 4-27 所示。VMware vSphere 平台充分利用了虚拟化资源、控制资源和访问资源等各种计算机资源，同时还能使 IT 组织提供灵活可靠的 IT 服务。

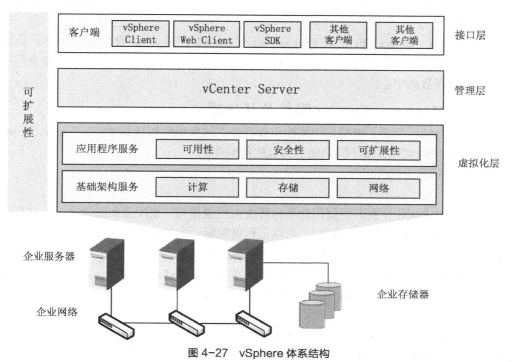

图 4-27　vSphere 体系结构

1．虚拟化层

VMware vSphere 的虚拟化层是最底层，包括基础架构服务和应用程序服务。基础架构服务是用来分配硬件资源的，包括计算机服务、网络服务和存储服务。计算机服务可提供虚拟机 CPU 和虚拟内存功能，可将不同的 x86 计算机虚拟化为 VMware 资源，使这些资源得到很好分配。网络服务是在虚拟环境中简化并增强了的网络技术集，可提供网络资源。存储服务是 VMware 在虚拟环境中高效率的存储技术，可提供存储资源。

应用程序服务可保障虚拟机的正常运行，使虚拟机具有高可用性、安全性和可扩展性等特点。VMware 的高可用性包括 vMotion（将虚拟机从一台服务器迁移到另一台上，期间服务不中断）、Storage VMware（将虚拟机的磁盘从一台服务器迁移到另一台上，期间服务不中断）、HA（当服务器发生故障时，虚拟机会迁移到另一台服务器上，服务不中断）、FT（为虚拟机特供热备，当一台虚拟机出现问题时，另一台马上接手服务，最大限度地保证零停机）、Date Recovery（对虚拟机进行备份恢复）。安全性包括 VMware vShield 和虚拟机安全，其中 VMware vShield 是专为 VMware vCenter Server 集成而构建的安全虚拟设备套件。VMware vShield 是保护虚拟化数据中心免遭攻击和误用的关键安全组件，可帮助实现合规性强制要求的目标。随着业务和服务不断发展，系统需要的资源也是越来越多，所以硬件的升级扩展就显得更加的费时费力。在这种情况下，可扩展性也就变得更加重要了。VMware 提供了 DRS 和 Hot Add，让虚拟机能够动态地转移到另一台服务器上，而 Hot Add 可以让虚拟机在不停机的情况下热添加 vCPU 或者内存，使得服务不会中断，从而保证了扩展性和连续性。

2．管理层

管理层是非常重要的一层，是虚拟化环境的中央点。VMware vCenter Server 可提高在虚拟基础架构每个级别上的集中控制性和可见性。可以通过主动管理发挥 vSphere 潜能，是一个具有广泛合作伙伴体系支持的可伸缩、可扩展的平台。

3．接口层

用户可以通过 vSphere Client 或 vSphere Web Client 客户端访问 VMware vSphere 数据中心。vSphere Client 是一个 Windows 的应用程序，用来访问虚拟平台，还可以通过命令行界面和 SDK 自动管理数据中心。

4.3.2　VMware vSphere 组件及其功能

VMware vSphere 是用于虚拟化的软件组件套件。这些组件包括 ESXi、vCenter Server 以及在 vSphere 环境中实现许多不同功能的其他软件组件。

vSphere 包括以下软件组件。

1．ESXi

ESXi 是一种虚拟化平台，可使用此平台将虚拟机创建为一组配置和磁盘文件，它们可共同执行物理机的所有功能。通过 ESXi，可以运行虚拟机，安装操作系统，运行应用程序以及配置虚拟机。配置包括识别虚拟机的资源，如存储设备。服务器可提供引导程序、管理以及其他管理虚拟机的服务。每个 ESXi 主机均有可供管理使用的 vSphere Client。如果已向 vCenter Server 注册了 ESXi 主机，则具有 vCenter Server 功能适用的 vSphere Client。

2．vCenter Server

vCenter Server 充当连接到网络的 VMware ESXi 主机的中心管理员的服务。vCenter Server 指导虚拟机和虚拟机主机（ESXi 主机）上的操作。vCenter Server 是一种 Windows 服务，安装后自动运行。vCenter Server 在后台持续运行。即使没有连接任何 vSphere Client，也没有用户登录到 vCenter Server 所在的计算机，vCenter Server 也可执行监控和管理活动。它必须可通过网络访问其管理的所有主机，且运行 vSphere Client 的计算机必须能通过网络访问此服务器。可以将 vCenter Server 安装在 ESXi 主机上的 Windows 虚拟机中，使其能够利用 VMware HA 提供的高可用性。可以使用链接模式将多个 vCenter Server 系统连接在一起，从而可以使用单个 vSphere Client 连接管理这些系统。

3．vCenter Server 插件

vCenter Server 插件为 vCenter Server 提供包含额外特性和功能的应用程序。通常，插件由服务器组件和客户端组件组成。安装插件服务器之后，插件将在 vCenter Server 中注册，且插件客户端可供 vSphere Client 下载。在 vSphere Client 上安装了插件之后，它可能会添加与所增加功能相关的视图、选项卡、工具栏按钮或菜单选项，从而改变界面的外观。插件利用核心 vCenter Server 功能（如身份验证和权限管理），但有自己的事件、任务、元数据和特权类型。某些 vCenter Server 功能以插件形式实现，并可使用 vSphere Client 插件管理器进行管理。这些功能包括 vCenter Storage Monitoring、vCenter Hardware Status 和 vCenter Service Status。

4．vCenter Server 数据库

vCenter Server 数据库用于维护在 vCenter Server 环境中管理的每个虚拟机、主机和用户状态的持久存储区域。vCenter Server 数据库相对于 vCenter Server 系统可以是远程的，也可以是本地的。数据库在安装 vCenter Server 期间安装和配置。如果直接通过 vSphere Client 访问 ESXi 主机，而不是通过 vCenter Server 系统和相关的 vSphere Client 访问，则不使用 vCenter Server 数据库。

5．Tomcat Web 服务器

很多 vCenter Server 功能以需要 Tomcat Web 服务器的 Web 服务的形式实现。作为 vCenter Server 安装的一部分，Tomcat Web 服务器安装在 vCenter Server 计算机上。需要 Tomcat Web 服务器才能运行的功能包括：链接模式、CIM/硬件状态选项卡、性能图表、WebAccess、vCenter Storage Monitoring/存储视图选项卡和 vCenter Service Status。

6．vCenter Server 代理

vCenter Server 代理是可在每台受管主机上收集、传达和执行 vCenter Server 发送的操作的软件。vCenter Server 代理是在第一次将主机添加到 vCenter Server 清单时安装的。

7．主机代理

主机代理是可在每台受管主机上收集、传达和执行通过 vSphere Client 发送的操作的软件。它是在 ESXi 安装过程中安装的。

8．轻量级目录访问协议（Lab Manager Server to Active Directory，LDAP）

vCenter Server 使用 LDAP 在加入链接模式的 vCenter Server 系统之间同步数据（如许可证和角色信息）。

4.3.3 VMware vSphere 硬件要求

VMware vSphere 需要相应的硬件和软件支持，以下是几大组件的硬件要求。

1．ESXi

要安装和使用 ESXi 5.0，硬件和系统资源必须满足下列要求。

（1）ESXi 至少需要 2GB 的物理 RAM。VMware 建议使用 8 GB 的 RAM，以便能够充分利用 ESXi 的功能，并在典型生产环境下运行虚拟机。

（2）要支持 64 位虚拟机，x64 CPU 必须能够支持硬件虚拟化（Intel VT-x 或 AMD RVI）。

（3）一个或多个千兆或 10GB 以太网控制器。

（4）一个或多个以下控制器的任意组合。

- 基本 SCSI 控制器。Adaptec Ultra-160 或 Ultra-320、LSI Logic Fusion-MPT 或者大部分 NCR/Symbios SCSI。

- RAID 控制器。Dell PERC（Adaptec RAID 或 LSI MegaRAID）、HP Smart Array RAID 或 IBM (Adaptec) ServeRAID 控制器。

（5）SCSI 磁盘或包含未分区空间用于虚拟机的本地（非网络）RAID LUN。

（6）对于串行 ATA (SATA)，有一个通过支持的 SAS 控制器或支持的板载 SATA 控制器连接的磁盘。SATA 磁盘将被视为远程、非本地磁盘。默认情况下，这些磁盘将用作暂存分区，因为它们被视为远程磁盘。

 注 意 无法将 SATA CD-ROM 设备与 ESXi 5.0 主机上的虚拟机相连。要使用 SATA CD-ROM 设备，必须使用 IDE 模拟模式。

2．vCenter Server

vCenter Server 是一个可访问支持的数据库的物理机或虚拟机。vCenter Server 系统必须符合特定要求，vCenter Server 计算机必须满足硬件要求。

（1）内存

建议内存为 4GB。如果数据库运行在同一台计算机上，则对内存的要求更高。vCenter Server 包含多种 Java 服务：VMware VirtualCenter Management Webservices (Tomcat)、Inventory Service 和配置文件驱动的存储服务。安装 vCenter Server 时，选择 vCenter Server 清单的大小为这些服务分配内存。清单大小决定了这些服务的最大 JVM 堆设置。如果环境中主机的数量发生变化，则可以在安装后调整此设置。

（2）磁盘存储

建议磁盘存储为 4 GB。如果 vCenter Server 数据库在同一台计算机上运行，则对磁盘的要求可能更高。在 vCenter Server 5.0 中，vCenter Server 日志的默认大小为 450 MB。请确保分配给日志文件夹的磁盘空间足够容纳此增长。

（3）Microsoft SQL Server 2008 R2 Express

磁盘最多需要 2 GB 的可用磁盘空间解压安装文件。在安装完成后，系统将删除约 1.5 GB 的此类文件。

（4）网络

建议使用千兆位连接。

3．vSphere Client

vSphere Client 硬件要求和建议如下。

（1）CPU

处理器 500 MHz 或更快的 Intel 或 AMD 处理器（建议 1 GHz）。

（2）内存

内存 500 MB（建议 1 GB）。

（3）磁盘空间

磁盘存储完整安装需要 1.5 GB 可用磁盘空间。

（4）软件

安装包括以下组件。

- Microsoft .NET 2.0 SP2
- Microsoft .NET 3.0 SP2
- Microsoft .NET 3.5 SP1
- Microsoft Visual J#

4.4 任务二 vSphere 部署

VMware vSphere 是业界领先且最可靠的虚拟化平台，其核心组件是 ESXi，其管理端是 vCenter Server 和 vSphere Client。ESXi 是一款可以独立安装和运行在裸机上的系统，ESXi 也是从内核级支持硬件虚拟化。Exsi 的管理工具可以用 vSphere Client 来管理虚拟机，管理虚拟的网络交换机，管理物理机的内存、物理机的硬盘、物理机的 CPU 等资源。

4.4.1 子任务 1 ESXi 的安装

【任务内容】

本任务是在服务器上安装 ESXi 软件，配置网络等，本例使用的软件包版本是 ESXi5.0。

【实施步骤】

（1）将 ESXi 安装程序 CD/DVD 插入 CD/DVD-ROM 驱动器，或连接安装程序 USB 闪存驱动器并重新启动计算机。系统引导成功后，显示如图 4-28 所示。

（2）根据提示安装，在选择键盘类型时，选择"US Default"，安装过程中，会提示输入密码，密码长度要求 7 位以上，如图 4-29 所示。

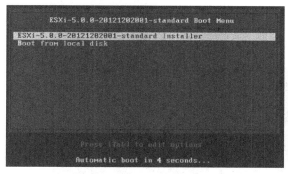

图 4-28 vSphere 体系结构

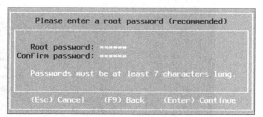

图 4-29 设置密码

（3）安装成功后，重启计算机，输入用户名和密码，进入系统界面，如图 4-30 所示。

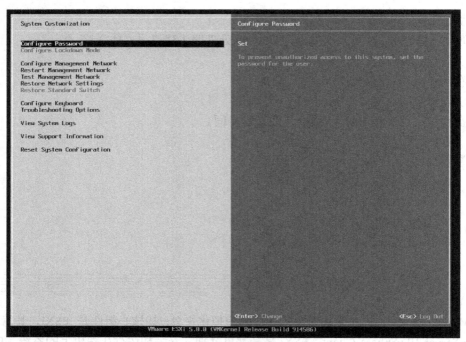

图 4-30　ESXi5.0 系统界面

（4）选择"Configure Management Network"，打开"IP Configuration"配置窗口，使用空格键选择"Set static IP address and network configuration"，设置 IP 地址，如图 4-31 所示。

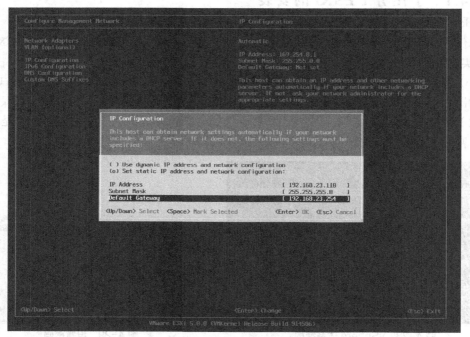

图 4-31　设置 IP 地址

（5）可以选择配置 DNS。最后配置完后，需要重新启动系统才有效。至此 ESXi 安装完成。

4.4.2 子任务 2 vSphere Client 的安装

vSphere Client 是一个用于管理 vCenter Server 和 ESXi 的可下载界面。vSphere Client 用户界面基于它所连接的服务器进行配置。

（1）当服务器为 vCenter Server 系统时，vSphere Client 将根据许可配置和用户权限显示可供 vSphere 环境使用的所有选项。

（2）当服务器为 ESXi 主机时，vSphere Client 仅显示适用于单台主机管理的选项。可以从"清单"视图执行许多管理任务，此视图为包含菜单栏、导航栏、工具栏、状态栏、面板区域和弹出菜单的单一窗口。

【任务内容】

本任务进行 vSphere Client 的安装，使用 vSphere Client 直接连接 ESXi，上传 ISO 包，创建虚拟机，本例使用的工具包为 VMware-VIMSetup-all-5.0.0-923238.iso。

【实施步骤】

（1）在浏览器的地址栏输入 4.4.1 小节设置的 ESXi 的 IP 地址下载工具包，或者直接使用工具包。本例使用 CD 光盘工具包，插入光盘，系统自动打开"VMware vSphere Client"窗口，如图 4-32 所示。

 注意 如果使用 XP 系统，需要安装 Microsoft .Net 2 和 Microsoft VJ#2.0 SE，可在微软官方网站下载，还要安装 Microsoft .Net 3.5 SP1，本例使用 Microsoft .Net 4.0 安装。

（2）按照提示一步一步安装，完成后在 Windows 桌面显示图标，打开后，输入 ESXi 的 IP 地址、用户和密码，如图 4-33 所示。

图 4-32　vSphere Client 安装界面

图 4-33　vSphere Client 登录界面

（3）登录后，有证书警告提示，直接忽略即可，同时有许可证提示信息，进入系统如图 4-34 所示。

（4）单击"清单"选项，显示如图 4-35 所示。

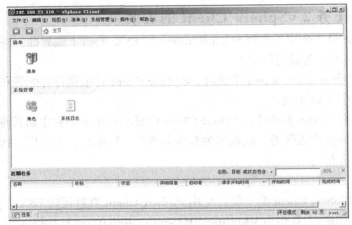

图 4-34　vSphere Client 已连接 ESXi

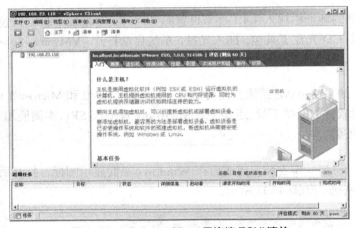

图 4-35　vSphere Client 已连接 ESXi 清单

（5）单击"配置"，右击"datastore1"，显示如图 4-36 所示。

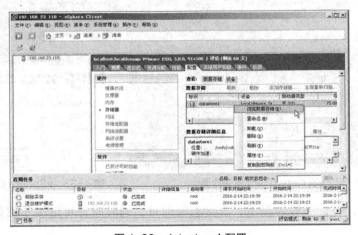

图 4-36　datestore1 配置

（6）单击"浏览数据存储…"选项，打开数据存储浏览器，单击新建目录，选择上传文件，上传 winXP.iso 文件，如图 4-37 所示。

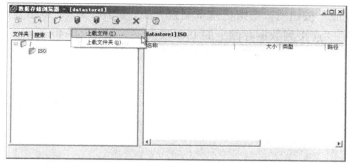

图 4-37　上传文件

（7）右击 "192.168.23.110"，新建虚拟机，如图 4-38 所示。

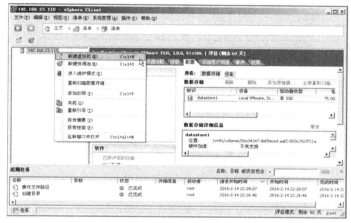

图 4-38　新建虚拟机

（8）创建虚拟机时，配置选择 "典型"；名称和位置输入 "xp"；存储器选择 "下一步"；客户机操作系统选择 "Windows(W)"，版本为 "Microsfot Windows XP Professioanl(32 位)"；网络输入 1 个网卡，网络合适配器默认，打开电源时连接；创建磁盘默认 8G，厚置备延迟置零；设置后如图 4-39 所示。

图 4-39　虚拟机设置

（9）单击"完成"按钮后，虚拟机基本配置完成，选择"xp"，单击光盘图标按钮，选择"CD/DVD 驱动器""连接到数据存储上的 ISO 映像…"，如图 4-40 所示。

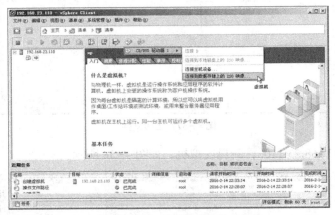

图 4-40　选择映像文件

（10）选择刚上传的 winXP.iso 文件，单击控制台图标按钮，如图 4-41 所示。

图 4-41　打开虚拟机控制台

（11）在控制台窗口，单击运行"图标"按钮，开始安装 XP 系统，如图 4-42 所示。

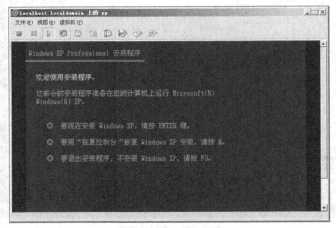

图 4-42　安装虚拟机

（12）安装完成后，虚拟机系统关机，选择"文件"→"导出"→"导出 OVF 模板(O)…"，导出安装好的虚拟机模板，以后可以使用模板创建新的虚拟机，如图 4-43 所示。

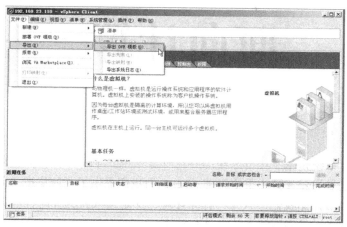

图 4-43　导出 OVF 模板

练习题

1. XenServer 作为一种开放的、功能强大的服务器虚拟化解决方案，可将_____、_____的数据中心环境转变成更为_____、_____的交付中心。

2. XenServer 是直接在_____运行而不需要_____，因而是一种高效且可扩展的系统。

3. XenServer 的优点有_____、_____、_____和_____。

4. 简述 XenCenter 是如何管理 XenServer 主机的。

5. 动手完成 XenCenter 创建虚拟机。

6. VMware vSphere 使用_____将数据中心转换为_____。

7. vSphere 平台从其自身的系统架构来看，可分为_____、_____和_____ 3 个层次。

8. 简述 VMware vSphere 体系结构。

9. vCenter 的功能是什么？

10. 动手完成 vSphere Client 创建虚拟机。

第 5 章
面向计算——MPI

大量的云计算系统是基于集群系统的并行计算系统，了解并行计算技术，熟悉在集群条件下的工作环境是学习云计算的重要基础。MPI 为我们提供了了解集群之间通信机制的一种重要模型，从这一节开始我们进入并行计算环境，这是迈入云计算时代的第一步，熟悉在并行环境下的工作方式对我们理解云计算是有益的。

5.1 MPI 概述

消息传递接口（Message Passing Interface，MPI），于 1994 年 5 月诞生标准的 1.0 版本。2012 年发布了 MPI3.0，MPI 标准描述是一种消息传递编程模型，并成为这种编程模型的代表和事实上的标准。MPI 本身并不是一个具体的实现，而只是一种标准描述，MPI 库可以被 FORTRAN77、C、Fortran90、C++调用。消息传递机制使服务器之间能有机的结合在一起形成一个更大的计算资源池，通过消息通信机制服务器之间能进行数据交换从而实现对计算任务的相互协作。目前在高性能计算领域 MPI 也是事实上的标准，许多超级计算机上都安装了符合 MPI 标准的软件平台。大量的计算软件也是基于 MPI 完成的，维也纳大学 Hafner 小组开发的进行电子结构计算和量子力学–分子动力学模拟软件包 VASP（Vienna Ab–initio Simulation Package），它是目前材料模拟和计算物质科学研究中最流行的商用软件之一，大量的科研机构都采用此软件，并因此诞生了一门新的学科——计算材料学。MPI 标准的相关知识可参考其官方论坛 http://www.mpi-forum.org/。

MPICH 是 MPI 标准的一个最常用的开源实现，其版本基本与 MPI 标准同步，MPICH 的开发主要是由 Argonne National Laboratory 和 Mississippi State University 共同完成的一个 MPI 具体实现。相关软件与说明书可在其官方网站免费下载：http://www.mpich.org/。

5.2 MPI 的架构和特点

云计算的定义中计算资源池的形成是十分重要的一项技术，MPI 的核心工作就是实现大量服务器计算资源的整合输出。MPI 为分布式程序设计人员提供了最大的灵活性和自由度，但随之而来的代价是编程的复杂性，程序设计人员需要自己实现任务在节点中的分配，并保证节点间的协调工作，当面对上千个节点的分布式系统时这种编程模式会成为程序员的噩梦。目前 MPI 的应用领域主要还是科学计算领域。

总的看来 MPI 具有以下的特点。

（1）程序编写灵活，功能强大

MPI 为分布式程序设计人员提供了功能强大的消息通信函数，如阻塞通信、非阻塞通信、组通信、归约、自定义数据类型等。程序设计人员能在上面较为灵活的实现算法的并行化工作。

（2）能支持多种编程语言

MPI 目前能支持 FORTRAN77、C、Fortran90、C++等语言的调用，能满足大多数科学计算的应用需要。

（3）MPI 对计算的支持强大，但对文件的支持较弱

MPI 设计的初衷就是为了计算密集的任务定制的，是面向计算时代的典型技术，其对计算的支持十分强大。但 MPI 自身没有与之相融合的分布式文件系统，数据在 MPI 中的存储主要是依靠 NFS 等集中存储设备，计算时各节点需要通过网络从集中存储设备上读取数据，在面对大数据处理时网络带宽会成为其严重的瓶颈。这就是我们常说的“数据向计算迁移”，而 Hadoop 等云计算系统通常是“计算向数据迁移”，从而避免了网络瓶颈。

（4）MPI 需要程序设计人员自己实现求解问题的并行化

MPI 并不为程序设计人员提供任何预设的程序并行化方案和模块，任何问题的并行化都需要程序设计人员自己来完成。任务切分和节点分配工作系统并不提供任何的监控系统支持，需要程序设计人员自己实现系统任务分配及负载的平衡。

（5）MPI 没有提供计算失效的处理机制

MPI 并不为用户自动处理失效节点，如果在计算中出现节点失效问题需要重启计算任务。

（6）网络是 MPI 的主要瓶颈

MPI 的消息传递机制是通过网络进行传输的，通常网络的数据传输速度与 CPU 计算速度相比要慢很多，大量的消息传递会降低程序的计算效率，而且集群规模越大这个问题越严重，在 MPI 的编程原则中甚至有“用计算换通信”的说法，即宁愿多算也要尽可能地减少消息通信。所以在并行计算集群中往往会采用高速通信技术实现节点间的数据通信。

MPI 的这些特点使其在科学计算等专业领域得到了广泛的应用，但在云计算领域却被虚拟化技术和面向数据的分布式系统夺了风头，但其整合计算的方法却是学习云计算知识的基础。

5.3　任务一　MPICH 并行环境的建立

MPICH 并行环境的建立主要就要完成以下 3 项工作。

（1）配置好 NFS 服务，实现所有节点对主节点指定文件夹的共享，该文件夹为 MPICH 的安装位置、数据和程序的存储位置，这样就可以避免在每个节点安装 MPICH，启动计算时也可以避免每次向各个节点分发程序。

（2）配置好节点间的互信，这一步是为了实现集群内部各节点间无需密码访问。因为 MPICH 在计算时需要在各节点进行数据交换，集群内的节点应使用相互信任的节点。

（3）安装编译环境，编译运行 MPICH。

本节任务使用 4 台节点机组成集群，每个节点机上安装 CentOS-6.5-x86_64 系统。4 台节点机使用的 IP 地址分别为：192.168.23.111、192.168.23.112、192.168.23.113、192.168.23.114，对应节点主机名为：node1、node2、node3、node4。本任务分成以下几个子任务来完成。

5.3.1　子任务 1　系统环境设置

【任务内容】

本子任务完成 4 台节点机的系统环境设置、安全设置，配置 hosts，配置 IP 地址，检查网络是否连通，安装必要的开发工具包。

【实施步骤】

（1）关闭 NetworkManager 服务，操作如下。

```
# service NetworkManager stop
# chkconfig NetworkManager off
```

（2）配置每台节点机的 IP 地址，测试其连通性。

（3）为了方便操作，每台节点机都关闭系统防火墙，关闭 selinux，操作如下。

```
# service iptables stop
# chkconfig iptables off
# setenforce permissive
# vi /etc/selinux/config
```

将"/etc/selinux/config"配置文件中"SELINUX=enforcing"改为"SELINUX=disabled"。

（4）配置每台节点机的 hosts 文件，操作如下。

```
# vi /etc/hosts
```

内容如下。

```
127.0.0.1   localhost localhost.localdomain localhost4 localhost4.localdomain4
::1         localhost localhost.localdomain localhost6 localhost6.localdomain6
192.168.23.111 node1
192.168.23.112 node2
192.168.23.113 node3
192.168.23.114 node4
```

（5）安装 gcc、jdk 等软件包，MPICH 需要每台节点机安装编译环境，操作如下。

```
# yum -y install gcc gcc-c++ gcc-gfortran
# java-1.7.0-openjdk java-1.7.0-openjdk-devel
```

5.3.2　子任务 2　用户创建和 SSH 设置

【任务内容】

完成各节点机创建 mpi 用户，完成各节点之间 SSH 无密码互访。

【实施步骤】

（1）分别在 4 台节点机上创建用户 mpi，本例用户 ID 都设为 650，密码自定，操作如下。

```
# useradd -u 650 mpi
# passwd mpi
```

（2）以 mpi 用户登录 node1 节点机，生成 SSH 密钥证书，操作如下。

```
$ ssh-keygen -t dsa
```

（3）复制含有公钥的证书到 node1、node2、node3、node4 节点机上，操作如下。

```
$ ssh-copy-id -i .ssh/id_dsa.pub mpi@node1
$ ssh-copy-id -i .ssh/id_dsa.pub mpi@node2
$ ssh-copy-id -i .ssh/id_dsa.pub mpi@node3
$ ssh-copy-id -i .ssh/id_dsa.pub mpi@node4
```

（4）由于每台节点机需要互访，需要复制含有私钥的证书到 node2、node3、node4 节点机上，操作如下。

```
$ scp .ssh/id_dsa node2:/home/mpi/.ssh
$ scp .ssh/id_dsa node3:/home/mpi/.ssh
$ scp .ssh/id_dsa node4:/home/mpi/.ssh
```

5.3.3 子任务 3 NFS 服务的安装

【任务内容】

NFS 是 Network File System 的缩写，即网络文件系统，是一种用于分散式文件系统的协定。NFS 的功能是通过网络让不同的机器、不同的操作系统能够彼此分享个别的数据，让应用程序在客户端通过网络访问位于服务器磁盘中的数据，是在类 Unix 系统间实现磁盘文件共享的一种方法。本子任务完成 NFS 服务的安装、配置和使用。

【实施步骤】

（1）安装 NFS 服务需要 nfs-utils 和 rpcbind 两软件包，操作如下。

```
# yum -y install rpcbind nfs-utils
```

（2）编辑/etc/exports 文件，操作如下。

```
# vi /etc/exports
```

编辑内容如下。

```
/home/mpi 192.168.23.0/24(rw,sync,no_all_squash)
```

rw 表示读写，sync 表示同步操作，no_all_squash 表示远程普通用户不映射到 nfsnobody。

（3）登录 node1 节点机，启动 rpcbind 服务和 nfs 服务，操作如下。

```
# service rpcbind start
# service nfs start
```

（4）修改配置文件后需要重新共享目录，操作如下。

```
# exportfs -arv
exporting 192.168.23.0/24:/home/mpi
```

（5）分别登录 node2，node3，node4 节点机上挂载 nfs 共享目录，操作如下。

```
# mount 192.168.23.111:/home/mpi /home/mpi
```

5.3.4 子任务 4 MPICH 编译运行

【任务内容】

MPICH 是 MPI（Message-Passing Interface）的一个应用实现，是用于并行运算的工具。互联网提供开源代码下载，需要相应的编译包编译。本子任务完成 MPICH 软件包的编译、运行测试。

【实施步骤】

（1）使用上传工具（如 WINSCP），上传 mpich-3.1.3.tar.gz 软件包到 node1 节点机的/root 目录下。

（2）安装系统主要是解压，操作如下。

```
# tar xvzf /root/mpich-3.1.3.tar.gz
```

（3）进入 MPICH 解压后的目录，执行配置、编译，操作如下。

```
# cd /root/mpich-3.1.3
# ./configure --prefix=/home/mpi
# make
```

（4）测试例子，复制测试例子到/home/mpi目录下，并修改文件属性，操作如下。

```
# cp -r examples /home/mpi
# chown -R mpi:mpi /home/mpi
```

（5）测试运行，以mpi用户登录任意节点机，测试系统运行结果。

6个进程在单一节点机、多节点机上的测试过程如下。

① 测试6个进程在单一节点机上运行，操作如下。

```
$ cd ~/examples/
$ mpirun -np 6 ./cpi
```

运行结果如下：

```
Process 3 of 6 is on node1
Process 2 of 6 is on node1
Process 4 of 6 is on node1
Process 5 of 6 is on node1
Process 1 of 6 is on node1
Process 0 of 6 is on node1
pi is approximately 3.1415926544231239, Error is 0.0000000008333307
wall clock time = 0.000166
```

② 测试6个进程在多个节点机上运行，操作如下。

6个进程在不同权重的节点机上运行，先设置4台节点机运行的权重值，每台节点机的权重值自定，观察运行结果，操作如下。

```
$ vi ~/examples/nodes
```

内容如下：

```
node1:1
node2:1
node3:1
node4:1
```

运行程序，操作如下。

```
$ mpirun -np 6 -f nodes ./cpi
```

运行结果如下：

```
Process 0 of 6 is on node1
Process 2 of 6 is on node3
Process 1 of 6 is on node2
Process 4 of 6 is on node1
Process 5 of 6 is on node2
Process 3 of 6 is on node4
pi is approximately 3.1415926544231243, Error is 0.0000000008333312
wall clock time = 0.027320
```

5.4   任务二 MPI 分布式程序设计

在并行计算时代人们更关注的是计算能力，一切以计算为中心，计算力成为了首要追逐的目标，因此人们通过将多台服务器连接起来实现计算能力的提升，这种计算模式非常适合从事计算密集型的任务。虽然云计算时代单纯的计算密集型的任务会越来越少，但了解并行计算时代的程序设计方法对我们理解云计算中的一些技术基础和理念是有好处的，我们在实际研究工作中也体会到这点，所以本任务分几个子任务完成MPI并行程序的编写运行，了解采用MPI进行并行程序设计的核心技术，使读者能由并行计算世界逐步进入云计算世界。

5.4.1　子任务 1 简单并行程序的编写

【任务内容】

MPICH 提供了编写并行程序的接口函数，简化了并行程序的编写，本任务完成一个最简单的并行程序的编写。

【相关知识】

了解 MPICH 接口函数非常重要，几个最基本的 MPI 函数说明如下。

（1）并行初始化函数：int MPI_Init(int *argc, char ***argv)

参数描述：argc 为变量数目，argv 为变量数组，两个参数均来自 main 函数的参数。

MPI_Init()是 MPI 程序的第一个函数调用，标志着并行程序部分的开始，它完成 MPI 程序的初始化工作，所有 MPI 程序并行部分的第一条可执行语句都是这条语句。该函数的返回值为调用成功标志。同一个程序中 MPI_Init()只能被调用一次。函数的参数为 main 函数的参数地址，所以并行程序和一般 C 语言程序不一样，它的 main 函数参数是不可缺少的，因为 MPI_Init()函数会用到 main 函数的两个参数。

（2）并行结束函数：int MPI_Finalize()

MPI_Finalize()是并行程序并行部分的最后一个函数调用，出现该函数后表明并行程序的并行部分的结束。一旦调用该函数后，将不能再调用其他的 MPI 函数，此时程序将释放 MPI 的数据结构及操作。这条语句之后的代码仍然可以进行串行程序的运行。该函数的调用较简单，没有参数。

【实施步骤】

（1）编写并行程序

以 mpi 用户登录任意节点机，编写 hello.c 程序，操作如下。

```
$ cd ~/examples/
$ vi hello.c
```

hello.c 代码如下：

```
/*文件名：hello.c*/
#include "mpi.h"
#include <stdio.h>
int main(int argc,char **argv) {
    MPI_Init(&argc,&argv);              //并行部分开始
    printf("hello parallel world!\n");
    MPI_Finalize();                     //并行部分结束
}
```

（2）编译运行

编译 hello.c 程序并运行，操作如下。

```
$ mpicc -o hello hello.c
$ mpirun -n 4 -f nodes ./hello
```

运行结果如下。

```
hello parallel world!
hello parallel world!
hello parallel world!
hello parallel world!
```

【程序说明】

本实例第一眼看上去和普通的 C 语言程序几乎一样，不同的只是多了一个 mpi.h 的头文

件，以及 MPI_Init()和 MPI_Finalize()这两个函数。程序虽然简单但它确实是一个真正的并行程序。程序的运行结果证明了这一点：我们程序中只有一个打印语句，按照串行程序的结果将只有一行打印结果，然而现在却出现了四行"hello parallel world!"，这是并行计算的结果。主程序中的打印语句被每个节点都执行了一次，我们有四个节点所以打印了四行文字，它们分别来自于不同的节点。这个实例同时揭示了并行程序的基本结构：

```
#include "mpi.h"
...
int main(int argc,char **argv) {          //main 函数必须带参数
    ...
    MPI_Init(&argc,&argv);                //并行部分开始
    MPI 并行程序部分
    ...
    MPI_Finalize();                       //并行部分结束
    ...
}
```

所有并行程序都必须是这样的结构，其中 main 函数的参数 argc 和 argv 分别为程序输入参数个数及输入参数数组，MPI_Init()函数中需对 argc 和 argv 取地址&argc、&argv，这个实例是并行程序的最小应用，MPI_Init()函数和 MPI_Finalize()函数之间就是程序的并行部分，将在所有节点上获得执行，这一点读者要注意体会。MPI 的函数一般都是以 MPI_开头，所以非常容易识别。所有的 MPI 并行程序必须包含 mpi.h 头文件，因为这一头文件定义了所有的 MPI 函数及相关常数。

【任务拓展】

事实上在 MPI 并行运行环境下，串行程序也可以运行，但运行结果会有一些错误提示，读者自行编译运行以下程序，观察运行结果。

```
#include <stdio.h>
int main() {
    printf("hello parallel world!\n");
}
```

5.4.2 子任务 2 获取进程标志和机器名

【任务内容】

并行程序设计需要协调大量的计算节点参与计算，而且需要将任务分配到各个节点并实现节点间的数据和信息交换，面对成百上千的不同节点如没有有效的管理将面临计算的混乱，并行计算的实现将无法完成，因此各个进程需要对自己和其他进程进行识别和管理，每个进程都需要有一个唯一的 ID，用于并行程序解决"我是谁"的问题，从而实现对大量计算节点的管理和控制，有效地完成并行计算任务。因此获取进程标识和机器名是 MPI 需要完成的基本任务，各节点根据自己的进程 ID 判断哪些任务需要自己完成。本任务完成获取进程标志和机器名并行程序的编写。

【相关知识】

MPI 函数说明如下。

（1）获得当前进程标识函数：int MPI_Comm_rank（MPI_Comm comm, int *rank）

参数描述：comm 为该进程所在的通信域句柄；rank 为调用这一函数返回的进程在通信域中的标识号。

这一函数调用通过指针返回调用该函数的进程在给定的通信域中的进程标识号 rank，有了这一标识号，不同的进程就可以将自身和其他的进程区别开来，节点间的信息传递和协调

均需要这一标识号。一般对于 comm 参数，我们采用 MPI_COMM_WORLD 通信域，MPI_COMM_WORLD 是 MPI 提供的一个基本通信域，在这个通信域中每个进程之间都能相互通信，我们也可建立自己的子通信域，但在这里我们使用 MPI 默认的 MPI_COMM_WORLD 通信域。

（2）获取通信域包含的进程总数函数：int MPI_Comm_size(MPI_Comm comm, int *size)

参数描述：comm 为通信域句柄，size 为函数返回的通信域 comm 内包括的进程总数。

这一调用返回给定的通信域中所包括的进程总个数，不同的进程通过这一调用得知在给定的通信域中一共有多少个进程在并行执行。

（3）获得本进程的机器名函数：int MPI_Get_processor_name(char *name,int *resultlen)

参数描述：name 为返回的机器名字符串，resultlen 为返回的机器名长度。

这个函数通过字符指针*name、整型指针*resultlen 返回机器名及机器名字符串的长度。MPI_MAX_PROCESSOR_NAME 为机器名字符串的最大长度，它的值为 128。

【实施步骤】

（1）编写并行程序

以 mpi 用户登录任意节点机，编写 who.c 程序，操作如下。

```
$ cd ~/examples/
$ vi who.c
```

who.c 代码如下。

```
/*文件名：who.c*/
#include "mpi.h"
#include <stdio.h>
int main(int argc,char **argv) {
    int myid, numprocs;
    int namelen;
    char processor_name[MPI_MAX_PROCESSOR_NAME];
    MPI_Init(&argc,&argv);
    MPI_Comm_rank(MPI_COMM_WORLD,&myid);              //获得本进程 ID
    MPI_Comm_size(MPI_COMM_WORLD,&numprocs);          //获得总的进程数目
    MPI_Get_processor_name(processor_name,&namelen);  //获得本进程的机器名
    printf("Hello World! Process %d of %d on %s\n",myid, numprocs, processor_name);
    MPI_Finalize();
}
```

（2）编译运行

编译运行 who.c，操作如下。

```
$ mpicc -o who who.c
```

4 个进程在 4 台节点机上运行。

```
$ mpirun -n 4 -f nodes ./who
```

运行结果如下。

```
Hello World! Process 0 of 4 on node1
Hello World! Process 2 of 4 on node3
Hello World! Process 1 of 4 on node2
Hello World! Process 3 of 4 on node4
```

【程序说明】

本实例程序启动后会在各个节点同时执行，各节点通过 MPI_Comm_rank() 函数取得自己的进程标识 myid，不同的进程执行 MPI_Comm_rank() 函数后返回的值不同。如节点 0 返回的

myid 值为 0；通过 MPI_Comm_size()函数获得 MPI_COMM_WORLD 通信域中的进程总数
numprocs，通过 MPI_Get_processor_name()函数获得本进程所在的机器名。各进程调用自己的
打印语句将结果打印出来，一般 MPI 中对进程的标识是从 0 开始的。在本例中机器名分别为
node1、node2、node3、node4。这里需要再次强调的是，MPI 并行程序中的变量是分布存储
的，每个节点都有自己独立的存储地址空间，如 myid、numprocs、namelen 等变量在各个节点
是独立的，即使是相同的变量名，它们的值也是可以不同的。大家在读程序时心中一定要有
变量分布存储的概念，否则将无法正确分析程序。图 5-1 解释了本实例运行时的情况：每个
节点都有独立的变量存储空间，程序的副本存在于所有节点并分别得到执行，各个节点计算
时的地位是平行的。

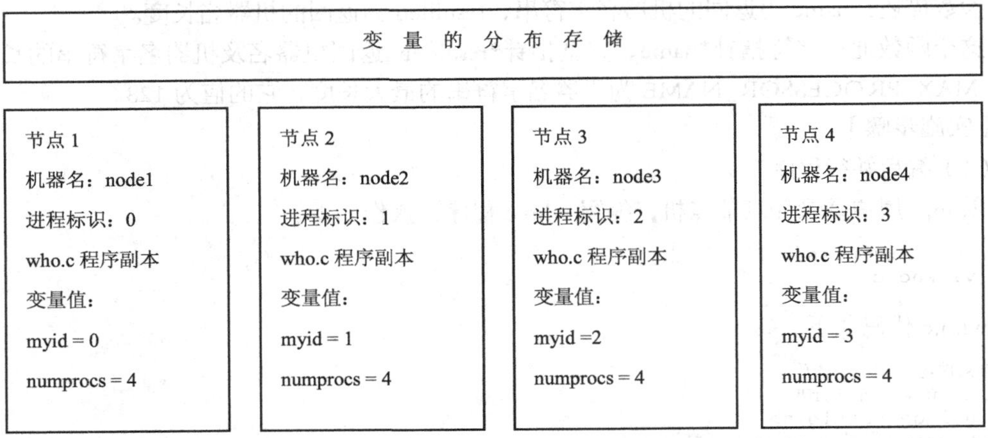

图 5-1　MPI 中变量的分布式存储方式

5.4.3　子任务 3　有消息传递功能的并行程序

【任务内容】

前面我们介绍的实例虽然实现了并行计算功能，但由于未采用消息传递机制，节点间变
量地址空间是相互独立的，信息无法交换。消息传递是 MPI 编程的核心功能，也是基于 MPI
编程的设计人员需要深刻理解的功能，由于 MPI 的消息传递功能为我们提供了灵活方便的节
点间数据交换和控制能力，掌握好 MPI 消息传递编程方法就掌握了 MPI 并行程序设计的核心。
MPI 为程序设计者提供了丰富的消息传递函数封装，本任务完成一个简单的消息传递功能的
并行程序编写。

【相关知识】

MPI 函数说明如下。

（1）消息发送函数 int MPI_Send(void* buf, int count, MPI_Datatype datatype, int dest, int tag,
MPI_Comm comm)

参数描述：buf 为发送缓冲区的起始地址；count 将发送的数据的个数；datatype 发送数
据的数据类型；dest 为目的进程标识号；tag 为消息标志；comm 为通信域。

MPI_Send()函数是 MPI 中的一个基本消息发送函数，实现了消息的阻塞发送，在消息未
发送完时程序处于阻塞状态。MPI_Send()将发送缓冲区 buf 中的 count 个 datatype 数据类型的
数据发送到目的进程，目的进程在通信域中的标识号是 dest，本次发送的消息标志是 tag，使
用这一标志就可以把本次发送的消息和本进程向同一目的进程发送的其他消息区别开来。

MPI_Send()操作指定的发送缓冲区是由 count 个类型为 datatype 的连续数据空间组成，起始地址为 buf。注意，这里 count 的值不是以字节计数，而是以数据类型为单位指定消息的长度，这样就独立于具体的实现，并且更接近于用户的观点。发送 10 个 MPI_FLOAT 型的数据，则 count 应为 10，而不是所占的字节数。其中 datatype 数据类型可以是 MPI 的预定义类型，也可以是用户自定义的类型，但不能直接使用 C 语言中的数据类型。

部分 C 语言中的数据类型和 MPI 预定义的数据类型对比如表 5-1 所示。

表 5-1　数据类型对比

MPI 预定义数据类型	C 语言数据类型
MPI_CHAR	signed char
MPI_SHORT	signed short int
MPI_INT	signed int
MPI_LONG	signed long int
MPI_UNSIGNED_CHAR	unsigned char
MPI_UNSIGNED_SHORT	unsigned short int
MPI_UNSIGNED	unsigned int
MPI_UNSIGNED_LONG	unsigned long int
MPI_FLOAT	float
MPI_DOUBLE	double
MPI_LONG_DOUBLE	long double

（2）消息接收函数：int MPI_Recv(void* buf, int count, MPI_Datatype datatype, int source, int tag, MPI_Comm comm, MPI_Status *status)

参数描述：buf 为接收缓冲区的起始地址；count 为最多可接收的数据个数；datatype 为接收数据的数据类型；source 为接收数据的来源进程标识号；tag 为消息标识，应与相应发送操作的标识相匹配；comm 为本进程和发送进程所在的通信域；status 为返回状态。

MPI_Recv() 是 MPI 中基本的消息接收函数，MPI_Recv() 从指定的进程 source 接收消息，并且该消息的数据类型和消息标识和该接收进程指定的 datatype 和 tag 相一致，接收到的消息所包含的数据元素的个数最多不能超过 count 个。接收缓冲区是由 count 个类型为 datatype 的连续元素空间组成，由 datatype 指定其类型，起始地址为 buf，count 和 datatype 共同决定了接收缓冲区的大小。接收到的消息长度必须小于或等于接收缓冲区的长度，这是因为如果接收到的数据过大，MPI 没有截断，接收缓冲区会发生溢出错误，因此编程者要保证接收缓冲区的长度不小于发送数据的长度。如果一个短于接收缓冲区的消息到达，那么只有相应于这个消息的那些地址被修改，count 可以是零，这种情况下消息的数据部分是空的。其中 datatype 数据类型可以是 MPI 的预定义类型，也可以是用户自定义的类型，通过指定不同的数据类型调用 MPI_Recv() 可以接收不同类型的数据。

消息接收函数和消息发送函数的参数基本是相互对应的，只是消息接收函数多了一个 status 参数，返回状态变量 status 用途很广，它是 MPI 定义的一个数据类型，使用之前需要用户为它分配空间。在 C 语言实现中，状态变量是由至少 3 个域组成的结构类型。这 3 个域分别是：MPI_SOURCE、MPI_TAG 和 MPI_ERROR。它还可以包括其他的附加域，这样通过对 status.MPI_SOURCE、status.MPI_TAG 和 status.MPI_ERROR 的引用就可以得到返回状态中所包含的发送数据进程的标识，发送数据使用的 tag 标识和该接收操作返回的错误代码。

【实施步骤】

（1）编写并行程序

以 mpi 用户登录任意节点机，编写 message.c 程序，操作如下。

```
$ cd ~/examples/
$ vi message.c
```

message.c 代码如下。

```
/*文件名：message.c*/
#include <stdio.h>
#include "mpi.h"
int main(int argc, char** argv) {
  int myid, numprocs, source;
  MPI_Status status;
  char message[100];
  MPI_Init(&argc, &argv);
  MPI_Comm_rank(MPI_COMM_WORLD, &myid);
  MPI_Comm_size(MPI_COMM_WORLD,&numprocs);
  if (myid != 0) {
    strcpy(message, "Hello World!");                    //为发送字符串赋值
    //发送字符串时长度要加 1，从而包括串结束标志
    MPI_Send(message,strlen(message)+1, MPI_CHAR, 0,99,MPI_COMM_WORLD);
  }
  else {
    //除 0 进程的其他进程接收来自于 0 进程的字符串数据
    for (source = 1; source < numprocs; source++) {
      MPI_Recv(message, 100, MPI_CHAR, source, 99,MPI_COMM_WORLD, &status);
      printf("I am process %d. I recv string '%s' from process %d.\n", myid,
message,source);
    }
  }
  MPI_Finalize();
}
```

（2）编译运行

编译运行 message.c，操作如下。

```
$ mpicc -o message message.c
```

4 个进程在 4 台节点机上运行。

```
$ mpirun -n 4 -f nodes ./message
```

运行结果如下。

```
I am process 0. I recv string 'Hello World!' from process 1.
I am process 0. I recv string 'Hello World!' from process 2.
I am process 0. I recv string 'Hello World!' from process 3.
```

【程序说明】

本实例由其他进程通过 MPI 消息传递机制向 0 进程发送"Hello World"字符串数据，非 0 进程采用 MPI_Send() 函数发送数据，0 进程通过循环语句分别通过 MPI_Recv() 函数接收来自其他进程的字符串数据。接收缓冲区和发送缓冲区均采用同名变量 message，由于地址空间是独立的，不同进程中的 message 变量虽然名字相同但却是完全不相关的变量。程序在进行字符串的信息传递时发送长度要加 1 以包含串结束的标志。运行结果中的 3 条打印结果都是由进程 0 打印的。

MPI 的消息传递过程与信件通信的原理完全相同，如图 5-2 所示，该图中发送和接收函数中的参数与信封上的要素一一对应，从而帮助大家理解消息传递的机制。

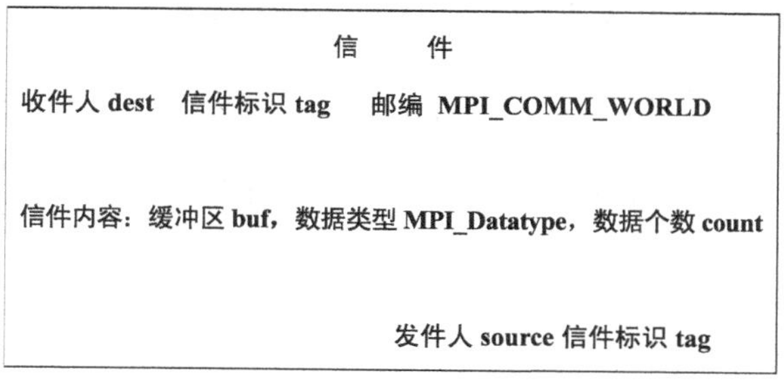

图 5-2　MPI 中消息传递与信封的对比

由于 MPI_Send()和 MPI_Recv()为阻塞通信函数，发送和接收函数一定要成对匹配，否则程序将一直处于阻塞状态无法结束。而且相关参数也要对应，如 dest 和 source 要对应，由 0 进程向 1 进程发送了信息，1 进程中一定要有一个接收函数接收来自于 0 进程的数据，而且 tag 标识要相同，只有相同 tag 标识的数据才能被接收函数接收。

在本例中 MPI_Send()函数和 MPI_Recv()函数实现了信息在不同节点间的传递，为节点之间协同并行工作提供了可能。我们从实例程序中看到需要 6 个 MPI 函数就能实现基本的节点间消息传递功能，这 6 个函数如下。

并行初始化函数：　　　　MPI_Init()

获取总的进程数函数：MPI_Comm_size()

获取本进程 ID 函数：　MPI_Comm_rank()

消息发送函数：　　　　　MPI_Send()

消息接收函数：　　　　　MPI_Recv()

并行结束函数：　　　　　MPI_Finalize()

这 6 个函数是编写基于消息传递模式并行程序的最小函数集，采用这 6 个函数就能完成大多数基本的并行程序的设计，甚至有人说采用这几个函数能完成几乎所有的并行程序设计，其他函数可以用以上 6 个函数来实现，所以并行计算程序设计非常容易入门，只要掌握了这 6 个函数的用法就能编写一般的基于消息传递的 MPI 并行程序。

5.4.4　子任务 4 Monte Carlo 法在并行程序设计中的应用

【任务内容】

蒙特卡罗（Monte Carlo）方法，又称随机抽样或统计试验方法，属于计算数学的一个分支，它是在 20 世纪 40 年代中期为了适应当时原子能事业的发展而发展起来的。主要思想是通过随机试验的方法，得到所要求解的问题（某种事件）出现的频率，用它们作为问题的解。简而言之，就是用频率来代替概率，当实验样本足够大的时候，就可以得到比较精确的解结果。蒙特卡罗是一种充满了魅力的算法，我们往往可以以一种简单的方法实现许多复杂的算法，大量的智能算法中也都有蒙特卡罗算法的身影。由于采用了随机数，所以蒙特卡罗方法的并行化能力特别强，而且特别简单。本任务完成基于蒙特卡罗思想实现对 π 值的并行求解，以展示蒙特卡罗算法的神奇魅力。

【任务解析】

根据蒙特卡罗方法的思想，我们以坐标原点为圆心作一个直径为 1 的单位圆，再作一个正方形与此圆相切（见图 5-3）。在这个正方形内随机产生 *count* 个点，判断是否落在圆内，将落在圆内的点数目计作 *m*，根据概率理论，*m* 与 *count* 的比值就近似可以看成圆和正方形的面积之比，由于圆的半径为 0.5，正方形的边长为 1，我们有 $\dfrac{m}{count} = \dfrac{\pi 0.5^2}{1}$，则 π 值可以用以下公式计算：$\pi = \dfrac{4m}{count}$。本节就采用这一方法来计算 π 的近似值。

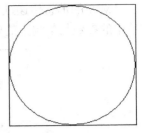

图 5-3　计算 π 值示意图

【实施步骤】

（1）编写并行程序

以 mpi 用户登录任意节点机，编写 mtpi.c 程序，操作如下。

```
$ cd ~/examples/
$ vi mtpi.c
```

mtpi.c 代码如下。

```c
/*文件名: mtpi.c*/
#include"mpi.h"
#include <stdio.h>
#include <stdlib.h>
int main(int argc,char **argv) {
  int myid, numprocs;
  int namelen,source;
  long count=1000000;
  char processor_name[MPI_MAX_PROCESSOR_NAME];
  MPI_Status status;
  MPI_Init(&argc,&argv);
  MPI_Comm_rank(MPI_COMM_WORLD,&myid);          //得到当前进程的进程号
  MPI_Comm_size(MPI_COMM_WORLD,&numprocs);      //得到通信域中的总进程数
  MPI_Get_processor_name(processor_name,&namelen);   //得到节点主机名称
  srand((int)time(0));                          //设置随机种子
  double y;
  double x;
  long m=0,m1=0,i=0,p=0;
  double pi=0.0,n=0.0;
  for(i=0;i<count;i++) {
    x=(double)rand()/(double)RAND_MAX;          //得到 0~1 之间的随机数, x 坐标
    y=(double)rand()/(double)RAND_MAX;          //得到 0~1 之间的随机数, y 坐标
    if((x-0.5)*(x-0.5)+(y-0.5)*(y-0.5)<0.25)    //判断产生的随机点坐标是否在圆内
    m++;
  }
  n=4.0*m/1000000;
  printf("Process %d of %d on %s pi= %f\n",myid,numprocs,processor_name,n);
  if(myid!=0) {                                 //判断是否是主节点
    MPI_Send(&m,1,MPI_DOUBLE,0,1,MPI_COMM_WORLD);   //子节点向主节点传送结果
  }
  else {
    p=m;
    /*分别接收来自于不同子节点的数据*/
    for(source=1;source<numprocs;source++) {
      MPI_Recv(&m1,1,MPI_DOUBLE,source,1,MPI_COMM_WORLD,&status);
      //主节点接收数据
      p+=m1;
    }
    printf("pi= %f\n",4.0*p/(count* numprocs));    //汇总计算 pi 值
  }
  MPI_Finalize();
}
```

（2）编译运行

编译运行 mtpi.c，操作如下。

```
$ mpicc -o mtpi mtpi.c
```

4 个进程在 4 台节点机上运行。

```
$ mpirun -n 4 -f nodes ./mtpi
```

运行结果如下：

```
Process 0 of 4 on node1 pi= 3.140120
Process 1 of 4 on node2 pi= 3.143484
Process 2 of 4 on node3 pi= 3.141024
Process 3 of 4 on node4 pi= 3.142804
pi= 3.141858
```

【程序说明】

本例在设计时引入 numprocs 参数，即总的节点数，通过对该参数的使用可以实现在集群节点个数发生变化时不需要对程序做任何修改，我们通常在编写并行程序时都要求能对节点的数目进行动态适应，也就是节点可扩展。在示例中各节点对落入圆内的随机点进行计数，并将计算结果发送到主节点，由主节点对所有数据汇总，并计算π值。系统打印出各节点计算的π值和汇总后的π值。这种π值计算方法收敛速度较慢，但是非常优美，随机数的威力是很强大的。这类算法具有很好的并行化能力，各节点几乎不需要作信息交换，独立完成自己的计算工作。

5.4.5　子任务 5　并行计算中节点间的 Reduce 操作

【任务内容】

Map/Reduce 是 Google 引以为豪的技术之一，Map/Reduce 技术被认为能很好地实现计算的并行化，成为云计算中的一项重要技术。其实 Map/Reduce 也不是 Google 的创新，在 MPI 中就一直提供对各节点数据的归约（Reduce）操作，可以方便地完成多个节点向主节点的归约，并提供了相应的函数支持。本任务完成在 MPI 中实现 Reduce 操作。

【任务解析】

我们采用蒙特卡罗法计算函数积分的例子来说明 MPI 中 Reduce 函数的使用方法。采用这一方法来计算 $y=x^2$ 在 0～10 之间的积分值。具体计算方法如图 5-4 所示。

该算法的思想是通过随机数把函数划分成小的矩形块，通过求矩形块的面积和来求积分值，我们生成 n 个 0～10 之间的随机数，求出该随机数所对应的函数值作为矩形的高，由于随机数在 n 很大时会近似平均分布在 0～10 区间，所以矩形的宽取相同的值为 $\dfrac{10}{n}$，对所有的矩形块求和即可得函数的积分值。

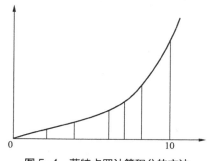

图 5-4　蒙特卡罗计算积分的方法

MPI 函数说明如下。

归约函数：int MPI_Reduce(void *sendbuf,void *recvbuf,int count,MPI_Datatype datatype, MPI_Op op,int root,MPI_Comm comm)

参数描述：sendbuf 为数据发送缓冲区；recvbuf 为数据接收缓冲区；count 为发送的数据个数；datatype 为发送的数据类型；op 为执行的归约操作；root 指定根节点；comm 为通信域。

MPI_Reduce 提供了多种归约操作，如表 5-2 所示。

表 5-2　归约操作

MPI 中的归约名	含义
MPI_MAX	求最大值
MPI_MIN	求最小值
MPI_SUM	求和
MPI_PROD	求积
MPI_LAND	逻辑与
MPI_BAND	按位与
MPI_LOR	逻辑或
MPI_BOR	按位或
MPI_LXOR	逻辑异或
MPI_BXOR	按位异或
MPI_MAXLOC	最大值且相应位置
MPI_MINLOC	最小值且相应位置

【实施步骤】

（1）编写并行程序

以 mpi 用户登录任意节点机，编写 inte.c 程序，操作如下。

```
$ cd ~/examples/
$ vi inte.c
```

inte.c 代码如下。

```
/*文件名 inte.c*/
#define N 100000000
#include <stdio.h>
#include <stdlib.h>
#include <time.h>
#include "mpi.h"
int main(int argc, char** argv) {
  int myid,numprocs;
  int i;
  double local=0.0;
  double inte,tmp=0.0,x;
  MPI_Init(&argc, &argv);
  MPI_Comm_rank(MPI_COMM_WORLD, &myid);
  MPI_Comm_size(MPI_COMM_WORLD,&numprocs);
  srand((int)time(0));                              //设置随机数种子
  /*各节点分别计算一部分积分值*/
  /*以下代码在不同节点运行的结果不同*/
  for(i=myid;i<N;i=i+numprocs) {
    x=10.0*rand()/(RAND_MAX+1.0);                   //求函数值
    tmp=x*x/N;
    local=tmp+local;                                //各节点计算面积和
  }
  //计算总的面积和，得到积分值
  MPI_Reduce(&local,&inte,1,MPI_DOUBLE,MPI_SUM,0,MPI_COMM_WORLD);
  if(myid==0) {
```

```
    printf("The integal of x*x=%16.15f\n",inte);
  }
  MPI_Finalize();
}
```

（2）编译运行

编译运行 inte.c，操作如下。

```
$ mpicc -o inte inte.c
```

4个进程在 4 台节点机上运行。

```
$ mpirun -n 4 -f nodes ./inte
```

运行结果如下。

```
The integal of x*x=33.332794848471529
```

【程序说明】

以上程序通过随机数将积分区域划分为 100 000 000 个小的区域，各节点计算一部分小矩形的面积，最后通过 MPI_Reduce()函数对所有节点的计算结果进行归约求和，得到最后的积分值。归约的过程就是各节点向主节点发送数据，由主节点接收数据并完成指定的计算操作。这一思想与云计算中的 Map/Reduce 思想类似，都是将任务分配到各节点计算最后由主节点汇总结果。程序通过 myid 和 numpros 参数的配合使同一段程序在不同的节点运行时完成不同部分的积分工作，这利用了 MPI 并行编程中变量分布式存储的原理，不同的节点其 myid 值是不同的。可见在 MPI 中会出现相同的代码在不同的节点执行时结果不一样的情况，这在串行程序中是不会出现的。

5.4.6　设计 MPI 并行程序时的注意事项

并行程序的设计与串行程序的设计有很大的不同，需要考虑的情况更多、更复杂，因此编写 MPI 并行程序时要注意以下的一些问题，更多的经验需要在实践中进一步总结和提高。

（1）并行程序的可以执行代码和 MPICH 安装文件必须在每个节点的相同路径有副本，这可以通过复制或 NFS 共享等方法来实现。

（2）并行程序中 main 函数必须带参数，MPI_Init()函数需要这两个参数，这与一般串行程序不同。

（3）并行程序必须包含 mpi.h 这一头文件，mpi.h 中定义了 MPI 的所有函数调用及常数。

（4）并行程序中变量的地址是分布式的，各个节点的同名变量是独立的，相互没有关系，这是要特别注意的，不要和串行程序混淆。

（5）要注意 MPI 函数调用中的参数很多都是指针，并作为函数的返回值，因此需要对变量取地址。如 MPI_Init()、MPI_Comm_rank()、MPI_Comm_size()、MPI_Send()、MPI_Recv()等。

（6）采用 MPI 进行字符串消息传递时需要将字符串的结束标志一同传送，所以字符串传输长度是字符数加 1。

（7）由于网络通信速度远低于 CPU 的技术速度，MPI 在进行消息传递时将大大增加计算时间，因此在进行 MPI 并行程序设计的时候我们往往以"计算换通信"，也就是说尽量减少节点间的数据交换，甚至可以以增加计算时间为代价。

（8）消息传递时要注意缓冲区大小的匹配，否则会出现溢出。

（9）设计并行程序时一般应能动态地适应节点个数的变化，不要因为节点个数的增减而出现修改程序源代码的问题。

（10）在进行 MPI 的非阻塞通信时，一定要在数据通信完成后才能调用接收数据的缓冲区，但可以在数据通信的同时对其他数据操作。为保证数据通信已完成，应在调用接收数据缓冲区前调用 MPI_Wait()。

（11）MPI 在进行消息传递时的数据类型一定要采用其自定义的数据类型（如 MPI_DOUBLE）或是被用户说明并提交系统的数据类型，而不能是普通的数据类型（如 double）。

练习题

1. 什么是 MPI？
2. MPI 支持_____、_____、_____和_____等语言的调用，能满足大多数科学计算的应用需要。
3. 简述 MPICH 并行环境建立的主要步骤。
4. 动手配置 MPI 节点间的 SSH 无密码访问。
5. MPI 编程的核心功能是_____。
6. 根据蒙特卡罗（Monte-Carlo）思想完成对 π 值的并行求解实验。
7. 通过 MPI 实验，求出 $y=x^2$ 在 $0 \sim 10$ 的积分值。
8. MPI 并行程序中_____函数必须带参数，且头文件必须包含_____。

Hadoop 是由 Apache 软件基金会研发的一种开源、高可靠性、伸缩性强的分布式计算系统，主要用于对大于 1TB 的海量数据的处理。Hadoop 采用 Java 语言开发，是对 Google 的 MapReduce 核心技术的开源实现。目前 Hadoop 的核心模块包括系统分布式文件系统（Hadoop Distri buted File System，Hadoop HDFS）和分布式计算框架 MapReduce，这一结构实现了计算和存储的高度耦合，十分有利于面向数据的系统架构，因此已成为大数据技术领域的事实标准。

Hadoop 设计时有以下的几点假设：服务器失效是正常的；存储和处理的数据是海量的；文件不会被频繁写入和修改；机柜内的数据传输速度大于机柜间的数据传输速度；海量数据的情况下移动计算比移动数据更高效。

6.1　Hadoop 概述

Hadoop 是 Apache 开源组织的分布式计算系统，Hadoop 的框架最核心的设计就是：HDFS 和 MapReduce。HDFS 为海量的数据提供了存储，MapReduce 为海量的数据提供了计算。

HDFS 是 Google File System（GFS）的开源实现，MapReduce 是 Google MapReduce 的开源实现。HDFS 把节点分成两类：NameNode 和 DataNode。NameNode 是唯一的，程序与它通信，然后从 DataNode 上存取文件。这些操作是透明的，与普通的文件系统 API 没有区别。MapReduce 则是作业跟踪节点（JobTracker）为主，分配工作以及负责和用户程序通信。

HDFS 和 MapReduce 实现是完全分离的，并不是没有 HDFS 就不能 MapReduce 运算。HDFS 通信部分使用 org.apache.hadoop.ipc，可以快速使用 RPC.Server.start() 构造一个节点，具体业务功能还需自己实现。MapReduce 主要使用 org.apache.hadoop.mapred 提供的接口类，完成节点通信（可以不是 Hadoop 通信接口），实现 MapReduce 运算。

在 Hadoop 中由于有 HDFS 文件系统的支持，数据是分布式存储在各个节点的，计算时各节点读取存储在自己节点的数据进行处理，从而避免了大量数据在网络上的传输，实现"计算向存储的迁移"。

6.2　HDFS

Hadoop 系统实现对大数据的自动并行处理，是一种数据并行处理方法，这种方法实现自动并行处理时需要对数据进行划分，而对数据的划分在 Hadoop 系统中从数据的存储就开始了，因此文件系统是 Hadoop 系统的重要组成部分，也是 Hadoop 实现自动并行框架的基础。

Hadoop 的文件系统称为 HDFS（Hadoop Distributed File System）。

Hadoop 中的 HDFS 原型来自 Google 文件系统（Google File System，GFS），为了满足 Google 迅速增长的数据处理要求，Google 设计并实现了 GFS。

6.2.1 Google 文件系统（GFS）

Google 文件系统是一个可扩展的分布式文件系统，用于对大量数据进行访问的大型、分布式应用。它运行于廉价的普通硬件上，但可以提供容错功能。它可以给大量的用户提供总体性能较高的服务，也可以提供容错功能。我们认为 GFS 是一种面向不可信服务器节点而设计的文件系统。

谷歌"三宝"是"Google 文件系统""BigTable 大表""MapReduce 算法"，有了自己的文件系统，谷歌就可以有效地组织庞大的数据、服务器和存储，并用它们工作。作为谷歌"三宝"的其中之一，GFS 的技术优势不言而喻。

GFS 为分布式结构，它是一个高度容错网络文件系统，主要由一个 Master（主）和众多 chunkserver（大块设备）构成的，体系结构如图 6-1 所示。

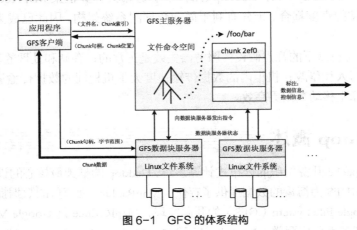

图 6-1 GFS 的体系结构

下面简单描述一下 GFS 的工作过程。

（1）客户端使用固定大小的块将应用程序指定的文件名和字节偏移转换成文件的一个块索引，向 Master 发送包含文件名和块索引的请求。

（2）Master 收到客户端发来的请求，Master 向块服务器发出指示，同时时刻监控众多 chunkserver 的状态。chunkserver 缓存 Master 从客户端收到的文件名和块索引等信息。

（3）Master 通过和 chunkserver 的交互，向客户端发送 chunk-handle 和副本位置。其中文件被分成若干个块，而每个块都是由一个不变的、全局唯一的 64 位的 chunk-handle 标识。Handle 是由 Master 在块创建时分配的。而出于安全性考虑，每一个文件块都要被复制到多个 chunkserver 上，一般默认 3 个副本。

（4）客户端向其中的一个副本发出请求，请求指定了 chunk-handle（chunkserver 以 chunk-handle 标识 chunk）和块内的一个字节区间。

（5）客户端从 chunkserver 获得块数据，任务完成。

通常 Client 可以在一个请求中询问多个 chunk 的地址，而 Master 也可以很快回应这些请求。

GFS 是可以被多个用户同时访问的，一般情况下，Application 和 chunkserver 是可以在同一台机子上的，主要的数据流量是通过 Application 和 chunkserver 之间，数据访问的本地性极大地减少了 Application 与 Master 之间的交互访问，减少了 Master 的负荷量，提高了文件系统的性能。

客户端从来不会从 Master 读和写文件数据。客户端只是询问 Master 它应该和哪个 chunkserver 联系。Client 在一段限定的时间内将这些信息缓存，在后续的操作中客户端直接和 chunkserver 交互。由于 Master 对于读和写的操作极少，所以极大地减小了 Master 的工作负荷，真正提高了 Master 的利用性能。

Master 保存着三类元数据（metadata）：文件名和块的名字空间、从文件到块的映射、副本位置。所有的 metadata 都放在内存中。操作日志的引入可以更简单、更可靠地更新 Master 的信息。

Master 为 GFS 的控制和神经系统，副本为 Master 的备份，Chunk 主要用来和用户交换数据。网络中的主机瘫痪，不会对整个系统造成大的影响，替换上去的主机会自动重建数据。即使 Master 瘫痪，也会有 Shadow 作为替补，并且 Shadow 在一定时候也会充当 Master 来提供控制和数据交换。Google 每天有大量的硬盘损坏，但是由于有 GFS，这些硬盘的损坏是允许的。

有人形象地比喻：分布式的文件系统被分块为很多细胞单元，一旦细胞损坏，神经系统（Master）会迅速发现并有相应的冗余措施来使系统正常运行，这些细胞可以看作很多 GFS 主机。这一工作方式就是人类大脑的工作方式。

当然，作为 Google 的技术基石，GFS 可以给大量的用户提供总体性能较高的服务，具有以下优势。

（1）Google 采用的存储方法是大量、分散的普通廉价服务器的存储方式，极大降低了成本。

（2）对大文件数据快速存取，这个毫无疑问是可以达到的。

（3）容易扩展，它是成本很低的普通电脑，支持动态插入节点。

（4）容错能力强，它的数据同时会在多个 chunkserver 上进行备份，具有相当强的容错性。

（5）高效访问，它是通过 BigTable 来实现的，它是 Google File System 上层的结构。GFS 在实现分布式文件系统的做法上面很多都是简单的，但是确实非常高效。

（6）GFS 相对于 HDFS 稳定性是毋庸置疑的，并在 Google 系统中得到了采用且稳定的运行。

6.2.2　HDFS 文件的基本结构

HDFS 是一种典型的主从式的分布式文件系统，该文件系统完全是仿照 Google 的 GFS 文件系统而设计的，HDFS 的架构如图 6-2 所示。

HDFS 由一个名叫 Namenode 的主节点和多个名叫 Datanode 的子节点组成。Namenode 存储着文件系统的元数据，这些元数据包括文件系统的名字空间等，向用户映射文件系统，并负责管理文件的存储等服务，但实际的数据并不存放在 Namenode。Namenode 的作用就像是文件系统的总指挥，并向访问文件系统的客户机提供文件系统的映射，这种做法并不是 Google 或 Hadoop 的创新，这和传统并行计算系统中的单一系统映像（Single System Image）的做法相同。HDFS 中的 Datanode 用于实际对数据的存放，对 Datanode 上数据的访问并不通过 Namemode，而是与用户直接建立数据通信。Hadoop 启动后我们能看到 Namenode 和

Datanode 这两个进程。

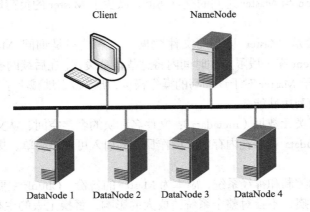

图 6-2　HDFS 的架构

　　HDFS 的工作过程是这样的，用户请求创建文件的指令由 Namenode 进行接收，Namenode 将存储数据的 Datanode 的 IP 返回给用户，并通知其他接收副本的 Datanode，由用户直接与 Datanode 进行数据传送。Namenode 同时存储相关的元数据。整个文件系统采用标准 TCP/IP 协议通信，实际是架设在 Linux 文件系统上的一个上层文件系统。HDFS 上的一个典型文件大小一般都在 G 字节至 T 字节。

　　主从式是云计算系统的一种典型架构方法，系统通过主节点屏蔽底层的复杂结构，并向用户提供方便的文件目录映射。有些改进的主从式架构可能会采用分层的主从式方法，以减轻主节点的负荷。

6.2.3　HDFS 的存储过程

　　HDFS 在对一个文件进行存储时有两个重要的策略：一个是副本策略，一个是分块策略。副本策略保证了文件存储的高可靠性，分块策略保证数据并发读写的效率并且是 MapReduce 实现并行数据处理的基础，如图 6-3 所示。

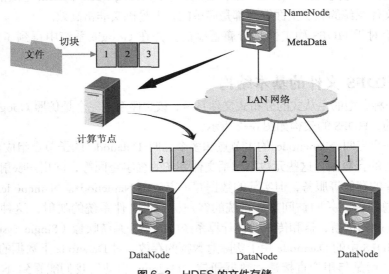

图 6-3　HDFS 的文件存储

HDFS 的分块策略：通常 HDFS 在存储一个文件时会将文件切为 64MB 大小的块来进行存储，数据块会被分别存储在不同的 Datanode 节点上，这一过程其实就是一种数据任务的切分过程，在后面对数据进行 MapReduce 操作时十分重要，同时数据被分块存储后在数据读写时能实现对数据的并发读写，提高数据读写效率。HDFS 采用 64MB 这样较大的文件分块策略有以下 3 个优点：

（1）降低客户端与主服务器的交互代价；

（2）降低网络负载；

（3）减少主服务器中元数据的大小。

HDFS 的副本策略：HDFS 对数据块典型的副本策略为 3 个副本，第一个副本存放在本地节点，第二个副本存放在同一个机架的另一个节点，第三个本副本存放在不同机架上的另一个节点。这样的副本策略保证了在 HDFS 文件系统中存储的文件具有很高的可靠性。

一个文件写入 HDFS 的基本过程可以描述如下：写入操作首先由 Namenode 为该文件创建一个新的记录，该记录为文件分配存储节点包括文件的分块存储信息，在写入时系统会对文件进行分块，文件写入的客户端获得存储位置的信息后直接与指定的 Datanode 进行数据通信，将文件块按 Namenode 分配的位置写入指定的 Datanode，数据块在写入时不再通过 Namenode，因此 Namenode 不会成为数据通信的瓶颈。

6.2.4 YARN 架构

Hadoop 自 0.23.0 版本后使用新的 MapReduce 框架（YARN），YARN 架构如图 6-4 所示，为了实现一个 Hadoop 集群的集群共享、可伸缩性和可靠性。YARN 采用了一种分层的集群框架方法。特定于 MapReduce 的功能已替换为一组新的守护程序，将该框架向新的处理模型开放。YARN 分层结构的本质是 ResourceManager。这个实体控制整个集群并管理应用程序向基础计算资源的分配。ResourceManager 将各个资源部分（计算、内存、带宽等）精心安排给基础 NodeManager（YARN 的每节点代理）。ResourceManager 还与 ApplicationMaster 一起分配资源，与 NodeManager 一起启动和监视它们的基础应用程序。ApplicationMaster 承担了以前 TaskTracker 的一些角色，而 ResourceManager 则承担了 JobTracker 的角色。

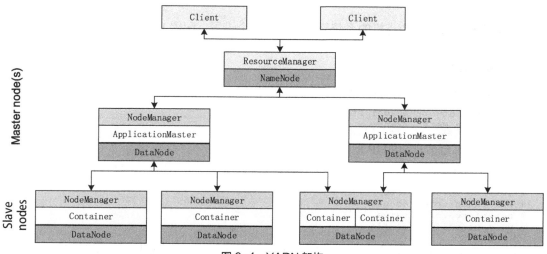

图 6-4 YARN 架构

YARN 的主要改进点如下。

1．可扩充性

把复杂的应用逻辑和资源管理分开，从而支持更大规模的集群状态机和信息交换，且都是基于松耦合设计架构。

2．集群利用率

通用资源容器代替了固定的 M/R 资源槽，容器资源分配基于位置、内存及 CPU 多类应用共享同一集群。

3．可靠性和可用性

简化的资源管理（RM）状态，使任务/容器便于存储和重启。应用 checkpoint 可以重启 MapReduce 的应用管理服务（AM），并保存到 HDFS 中。

4．支持多类应用的架构

资源管理分配和应用逻辑分离，为开发定制应用定义了通信协议/库程序以及架构。多类应用可以共用同一个 Hadoop 集群。

5．应用的灵活性

RPC 使用协议缓冲区保证了连接的兼容性，把 MapReduce 变成了用户空间的应用，从而可以进行改进而不用担心安全性问题。应用的多个版本可以同时存在，架构和应用的更新都变得更加容易。

6.3 任务一 搭建 Hadoop 系统

搭建 Hadoop 分布式系统需要配置各种参数，创建用户，启动系统，浏览 Hadoop 服务等操作，本任务使用 4 台节点机组成集群，每个节点机上安装 CentOS-6.5-x86_64 系统。4 台节点机使用的 IP 地址分别为 192.168.23.111、192.168.23.112、192.168.23.113、192.168.23.114，对应节点主机名为 node1、node2、node3、node4。节点机 node1 作为 NameNode，其他作为 DataNode。本任务分为几个子任务来完成。

6.3.1 子任务 1 系统环境设置

【任务内容】

本子任务完成 4 台节点机的系统环境设置、安全设置，配置 hosts，配置 IP 地址，检查网络是否连通，安装 jdk 软件包。

【实施步骤】

（1）关闭 NetworkManager 服务，操作如下。

```
# service NetworkManager stop
# chkconfig NetworkManager off
```

（2）配置每台节点机的 IP 地址，测试其连通性。

（3）为了方便操作，每台节点机都关闭系统防火墙，关闭 selinux，操作如下。

```
# service iptables stop
# chkconfig iptables off
# setenforce permissive
# vi /etc/selinux/config
```

将"/etc/selinux/config"配置文件中"SELINUX=enforcing"改为"SELINUX=disabled"。

（4）配置每台节点机的 hosts 文件，操作如下。

```
# vi /etc/hosts
```

内容如下。

```
127.0.0.1   localhost localhost.localdomain localhost4 localhost4.localdomain4
::1         localhost localhost.localdomain localhost6 localhost6.localdomain6
192.168.23.111 node1
192.168.23.112 node2
192.168.23.113 node3
192.168.23.114 node4
```

（5）Hadoop 采用 Java 编写，每台节点机都需要安装 jdk 软件包，操作如下。

```
# cd /media/CentOS_6.5_Final/Packages/
# rpm -ivh java-1.7.0-openjdk-devel-1.7.0.45-2.4.3.3.el6.x86_64.rpm
```

Java-1.7.0 默认的工作目录如下。

```
/usr/lib/jvm/java-1.7.0
```

6.3.2 子任务 2 用户创建和 SSH 设置

【任务内容】

完成各节点机创建 hadoop 用户，实现各节点机之间 SSH 无密码互访。

【实施步骤】

（1）分别在 4 台节点机上创建用户 hadoop，本例用户 ID 都设为 660，密码自定，操作如下。

```
# useradd -u 660 hadoop
# passwd hadoop
```

（2）以 hadoop 用户登录 node1 节点机，生成 SSH 密钥证书，操作如下。

```
$ ssh-keygen -t dsa
```

（3）复制含有公钥的证书到 node1、node2、node3、node4 节点机上，操作如下。

```
$ ssh-copy-id -i .ssh/id_dsa.pub hadoop@node1
$ ssh-copy-id -i .ssh/id_dsa.pub hadoop@node2
$ ssh-copy-id -i .ssh/id_dsa.pub hadoop@node3
$ ssh-copy-id -i .ssh/id_dsa.pub hadoop@node4
```

6.3.3 子任务 3 Hadoop 安装和配置

【任务内容】

安装 Hadoop 系统，配置 NameNode 节点参数，配置 DataNode 节点参数，最终完成 Hadoop 分布式环境的搭建。

【实施步骤】

（1）使用上传工具（如 WINSCP），上传 hadoop-2.6.2.tar.gz 软件包到 node1 节点机的/root 目录下。

（2）安装系统主要是解压、移动，操作如下。

```
# tar xvzf /root/hadoop-2.6.2.tar.gz
# cd /root/hadoop-2.6.2
# mv * /home/hadoop
```

（3）修改 Hadoop 配置文件。

Hadoop 配置文件主要有：hadoop-env.sh、yarn-env.sh、slaves、core-site.xml、hdfs-site.xml、 mapred–site.xml、yarn–site.xml。配置文件在/home/hadoop/etc/hadoop/目录下。

（1）将 hadoop-env.sh 文件中的 export JAVA_HOME=${JAVA_HOME} 修改为 export JAVA_HOME=/usr/lib/jvm/java-1.7.0。

（2）修改 slaves 文件，内容如下。

```
node2
node3
node4
```

（3）修改 core-site.xml 文件，添加如下内容。

```
<configuration>
<property>
<name>fs.defaultFS</name>
<value>hdfs://node1:9000</value>
</property>
<property>
<name>io.file.buffer.size</name>
<value>131072</value>
</property>
<property>
<name>hadoop.tmp.dir</name>
<value> /home/hadoop/tmp</value>
<description>Abase for other temporary directories.</description>
</property>
<property>
<name>hadoop.proxyuser.hadoop.hosts</name>
<value>*</value>
</property>
<property>
<name>hadoop.proxyuser.hadoop.groups</name>
<value>*</value>
</property>
</configuration>
```

（4）修改 hdfs-site.xml 文件，添加如下内容。

```
<configuration>
<property>
<name>dfs.namenode.secondary.http-address</name>
<value>node1:50090</value>
</property>
<property>
<name>dfs.namenode.name.dir</name>
<value>/home/hadoop/dfs/name</value>
</property>
<property>
<name>dfs.datanode.data.dir</name>
<value>/home/hadoop/dfs/data</value>
</property>
<property>
<name>dfs.replication</name>
<value>3</value>
</property>
<property>
<name>dfs.webhdfs.enabled</name>
<value>true</value>
</property>
</configuration>
```

（5）将文件 mapred-site.xml.template 改名为 mapred-site.xml，修改 mapred-site.xml 文件，添加如下内容。

```
<configuration>
<property>
<name>mapreduce.framework.name</name>
<value>yarn</value>
</property>
<property>
<name>mapreduce.jobhistory.address</name>
<value>node1:10020</value>
</property>
<property>
<name>mapreduce.jobhistory.webapp.address</name>
<value>node1:19888</value>
</property>
</configuration>
```

（6）修改 yarn-site.xml 文件，添加如下内容。

```
<configuration>
<property>
<name>yarn.resourcemanager.hostname</name>
<value>node1</value>
</property>
<property>
<name>yarn.nodemanager.aux-services</name>
<value>mapreduce_shuffle</value>
</property>
<property>
<name>yarn.nodemanager.aux-services.mapreduce.shuffle.class</name>
<value>org.apache.hadoop.mapred.ShuffleHandler</value>
</property>
<property>
<name>yarn.resourcemanager.address</name>
<value>node1:8032</value>
</property>
<property>
<name>yarn.resourcemanager.scheduler.address</name>
<value>node1:8030</value>
</property>
<property>
<name>yarn.resourcemanager.resource-tracker.address</name>
<value>node1:8031</value>
</property>
<property>
<name>yarn.resourcemanager.admin.address</name>
<value>node1:8033</value>
</property>
<property>
<name>yarn.resourcemanager.webapp.address</name>
<value>node1:8088</value>
</property>
</configuration>
```

（7）修改 Hadoop 目录下文件属性，操作如下。

```
# chown -R hadoop:hadoop /home/Hadoop
```

（8）将 node1 节点机的 Hadoop 系统复制到 node2、node3、node4 节点机上，操作如下。

```
# cd /home/hadoop
# scp -r * hadoop@node2:/home/hadoop
# scp -r * hadoop@node3:/home/hadoop
# scp -r * hadoop@node4:/home/hadoop
```

（9）分别修改其他 3 个节点机文件属性，操作如下。

```
# chown -R hadoop:hadoop /home/hadoop
```

6.3.4　子任务 4 Hadoop 的启动和查看

【任务内容】

格式化 NameNode 节点，启动 Hadoop 系统，查看集群状态，浏览 Hadoop 服务等。

【实施步骤】

（1）以 Hadoop 用户登录 node1 节点机，格式化 NameNode，操作如下。

```
$ hdfs namenode -format
```

（2）进入/home/hadoop/sbin，启动 dfs 和 yarn，操作如下。

```
$ cd /home/hadoop/sbin
$ ./start-dfs.sh
$ ./start-yarn.sh
```

（3）查看集群状态，操作如下。

```
$ hdfs dfsadmin -report
```

（4）查看 NameNode 节点状态，打开浏览器，输入网址 http://192.168.23.111:50070，操作如图 6-5 所示。

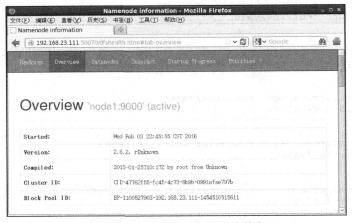

图 6-5　查看 NameNode 节点状态

（5）查看所有应用，打开浏览器，输入网址 http://192.168.23.111:8088，操作如图 6-6 所示。

图 6-6　查看所有应用

6.4 分布式计算框架 MapReduce

在云计算和大数据技术领域被广泛提到并被成功应用的一项技术就是 MapReduce。MapReduce 是 Google 系统和 Hadoop 系统中的一项核心技术。

6.4.1 MapReduce 的发展历史

MapReduce 出现的历史要追溯到 1956 年，图灵奖获得者著名的人工智能专家麦卡锡首次提出了 LISP 语言的构想，而在 LISP 语言中就包含了现在我们所采用的 MapReduce 功能。LISP 语言是一种用于人工智能领域的语言，LISP 在 1956 年设计时主要是希望能有效地进行"符号运算"。LISP 是一种表处理语言，其逻辑简单但结构不同于其他的高级语言。1960 年，麦卡锡更是极有预见性地提出："今后计算机将会作为公共设施提供给公众"，这一观点已与现在人们对云计算的定义极为相近了，所以我们把麦卡锡称为"云计算之父"。MapReduce 在麦卡锡提出时并没有考虑到其在分布式系统和大数据上会有如此大的应用前景，只是作为一种函数操作来定义的。

2004 年 Google 公司的迪安发表文章将 MapReduce 这一编程模型在分布式系统中的应用进行了介绍，从此 MapRuduce 分布式编程模型进入了人们的视野。可以认为分布式 MapReduce 是由 Google 公司首先提出的。Hadoop 跟进了 Google 的这一思想，可以认为 Hadoop 是一个开源版本的 Google 系统，正是由于 Hadoop 的跟进才使普通用户得以开发自己的基于 MapReduce 框架的云计算应用系统。

6.4.2 MapReduce 的基本工作过程

MapReduce 是一种处理大数据集的编程模式，它借鉴了最早出现在 LISP 语言和其他函数语言中的 map 和 reduce 操作，MapReduce 的基本过程为：用户通过 map 函数处理 key/value 对，从而产生一系列不同的 key/value 对，reduce 函数将 key 值相同的 key/value 对进行合并。现实中的很多处理任务都可以利用这一模型进行描述。通过 MapReduce 框架能实现基于数据切分的自动并行计算，大大简化了分布式编程的难度，并为在相对廉价的商品化服务器集群系统上实现大规模的数据处理提供了可能。

MapReduce 的过程其实非常简单，但上面解释看上去却较为晦涩，我们用一个实际的例子来说明 MapReduce 的编程模型。假设我们需要对一个文件 example.txt 中出现的单词次数进行统计，这就是著名的 wordcount 例子，在这个例子中 MapReduce 的编程模型可以这样来描述：

用户需要处理的文件 example.txt 已被分为多个数据片存储在集群系统中不同的节点上了，用户先使用一个 Map 函数——Map(example.txt，文件内容)，在这个 Map 函数中 key 值为 example.txt 文件中的关键字，key 通常是指一个具有唯一值的标识，value 值就是 example.txt 文件中的内容。Map 操作程序通常会被分布到存有文件 example.txt 数据片段的节点上发起，这个 Map 操作将产生一组中间 key/value 对（word, count），这里的 word 代表出现在文件 example.txt 片段中的任一个单词，每个 Map 操作所产生的 key/value 对只代表 example.txt 一部分内容的统计值。Reduce 函数将接收集群中不同节点 Map 函数生成的中间 key/value 对，并将 Key 相同的 key/value 对进行合并，在这个例子中 Reduce 函数将对所有 key 值相同的 value 值进行求和合并，最后输出的 key/value 对就是（word, count），其中 count 就是这个单词在文件 example.txt 中出现的总的次数。

下面我们通过一个简单的例子来讲解 MapReduce 的基本原理。

1．任务的描述

来自江苏、浙江、山东三个省的 9 所高校联合举行了一场编程大赛，每个省有 3 所高校参加，每所高校各派 5 名队员参赛，各所高校的比赛平均成绩如表 6-1 所示。

表 6-1　原始比赛成绩

江苏省		浙江省		山东省	
南京大学	90	浙江大学	95	山东大学	92
东南大学	93	浙江工业大学	84	中国海洋大学	85
河海大学	84	宁波大学	88	青岛大学	87

我们可以用表 6-2 所示的形式来表示成绩，这样每所高校就具备了所属省份和平均分数这两个属性，即<高校名称：{所属省份，平均分数}>。

表 6-2　增加属性信息后的比赛成绩

南京大学：{江苏省，90}	东南大学：{江苏省，93}	河海大学：{江苏省，84}
浙江大学：{浙江省，95}	浙江工业大学：{浙江省，84}	宁波大学：{浙江省，88}
山东大学：{山东省，92}	中国海洋大学：{山东省，85}	青岛大学：{山东省，87}

统计各个省份高校的平均分数时，高校的名称并不是很重要，我们略去高校名称，如表 6-3 所示。

表 6-3　略去高校名称后的比赛成绩

江苏省，90	江苏省，93	江苏省，84
浙江省，95	浙江省，84	浙江省，88
山东省，92	山东省，85	山东省，87

接下来，我们对各个省份的高校的成绩进行汇总，如表 6-4 所示。

表 6-4　各省比赛成绩汇总

江苏省，90、93、84	浙江省，95、84、88	山东省，92、85、87

计算求得各省高校的平均值如表 6-5 所示。

表 6-5　各省平均成绩

江苏省，89	浙江省，89	山东省，88

以上为计算各省平均成绩的主要步骤，我们可以用 MapReduce 来实现，其详细步骤如下。

2．任务的 MapReduce 实现

MapReduce 包含 Map、Shuffle 和 Reduce 三个步骤，其中 Shuffle 由 Hadoop 自动完成，Hadoop 的使用者可以无需了解并行程序的底层实现，只需关注 Map 和 Reduce 的实现。

① Map Input：<高校名称，{所属省份，平均分数}>

在 Map 部分，我们需要输入<Key,Value>数据，这里 Key 是高校的名称，Value 是属性值，即所属省份和平均分数，如表 6-6 所示。

表 6-6　Map Input 数据

Key：南京大学 Value：{江苏省，90}	Key：东南大学 Value：{江苏省，93}	Key：河海大学 Value：{江苏省，84}
Key：浙江大学 Value：{浙江省，95}	Key：浙江工业大学 Value：{浙江省，84}	Key：宁波大学 Value：{浙江省，88}
Key：山东大学 Value：{山东省，92}	Key：中国海洋大学 Value：{山东省，85}	Key：青岛大学 Value：{山东省，87}

② Map Output：<所属省份，平均分数>

对所属省份平均分数进行重分组，去除高校名称，将所属省份变为 Key，平均分数变为 Value，如表 6-7 所示。

表 6-7　Map Output 数据

Key：江苏省 Value：90	Key：江苏省 Value：93	Key：江苏省 Value：84
Key：浙江省 Value：95	Key：浙江省 Value：84	Key：浙江省 Value：88
Key：山东省 Value：92	Key：山东省 Value：85	Key：山东省 Value：87

③ Shuffle Output：<所属省份，List（平均分数）>

Shuffle 由 Hadoop 自动完成，其任务是实现 Map，对 Key 进行分组，用户可以获得 Value 的列表，即 List<Value>，如表 6-8 所示。

表 6-8　Shuffle Output 数据

Key：江苏省 List<Value>：90、93、84	Key：浙江省 List<Value>：95、84、88	Key：山东省 List<Value>：92、85、87

④ Reduce Input：<所属省份，List（平均分数）>

表 6-8 中的内容将作为 Reduce 任务的输入数据，即从 Shuffle 任务中获得的（Key,List<Value>）。

⑤ Reduce Output：<所属省份，平均分数>

Reduce 任务的功能是完成用户的计算逻辑，这里的任务是计算每个省份的高校学生的比赛平均成绩，获得的最终结果如表 6-9 所示。

表 6-9　Reduce Output 数据

江苏省，89	浙江省，89	山东省，88

6.4.3 MapReduce 的特点

MapReduce 主要具有以下几个特点。

1．需要在集群条件下使用

MapReduce 的主要作用是实现对大数据的分布式处理，其设计时的基本要求就是在大规模集群条件下的（虽然一些系统可以在单机下运行，但这种条件下只具有仿真运行的意义），Google 作为分布式 MapReduce 提出者，它本身就是世界上最大的集群系统，MapReduce 需要在集群系统下运行才能有效。

2．需要有相应的分布式文件系统的支持

需要注意的是单独的 MapReduce 模式并不具有自动的并行性能，就像它在 LISP 语言中的表现一样，它只有与相应的分布式文件系统相结合才能完美地体现 MapReduce 这种编程框架的优势。如 Google 系统对应的分布式文件系统为 GFS，Hadoop 系统对应的分布式文件系统为 HDFS。MapReduce 能实现计算的自动并行化很大程度上是由于分布式文件系统在对文件存储时就实现了对大数据文件的切分，这种并行方法也叫数据并行方法。数据并行方法避免了对计算任务本身的人工切分，降低了编程的难度，而像 MPI 往往需要人工对计算任务进行切分，因此分布式编程难度较大。

3．可以在商品化集群条件下运行，不需要特别的硬件支持

和高性能计算不同，基于 MapReduce 的系统往往不需要特别的硬件支持。按 Google 的报道，他们的实验系统中的节点就是基于典型的双核 x86 系统，配置 2～4GB 的内存，网络为百兆网和千兆网构成，存储设备为便宜的 IDE 硬盘。

4．假设节点的失效为正常情况

传统的服务器通常被认为是稳定的，但在服务器数量巨大或采用廉价服务的条件下，服务器的失效将变得常见，所以通常基于 MapReduce 的分布式计算系统采用了存储备份、计算备份和计算迁移等策略来应对，从而实现在单节点不稳定的情况下保持系统整体的稳定性。

5．适合对大数据进行处理

由于基于 MapReduce 的系统并行化是通过数据切分实现的数据并行，同时计算程序启动时需要向各节点拷贝计算程序，过小的文件在这种模式下工作反而会效率低下。Google 的实验也表明一个由 150 秒时间完成的计算任务，程序启动阶段的时间就花了 60 秒。如果计算任务数据过小，这样的花费是不值得的，同时对过小的数据进行切分也无必要。所以，MapReduce 更适合进行大数据的处理。

6．计算向存储迁移

传统的高性能计算数据集中存储，计算时数据向计算节点拷贝。而基于 MapReduce 的分布式系统在数据存储时就实现了分布式存储，一个较大的文件会被切分成大量较小的文件存储于不同的节点，系统调度机制在启动计算时会将计算程序尽可能分发给需要处理数据的节点。计算程序的大小通常会比数据文件小的多，所以迁移计算的网络代价要比迁移数据小的多。

7．MapReduce 的计算效率会受最慢的 Map 任务影响

由于 Reduce 操作的完成需要等待所有 Map 任务的完成，所以如果 Map 任务中有一个任务出现了延迟，则整个 MapReduce 操作将受最慢的 Map 任务的影响。

6.5 任务二 Map/Reduce 的 C 语言实现

【任务内容】

Map/Reduce 操作代表了一大类的数据处理操作方式,使用 C 语言编写 Map/Reduce 程序,从控制台输入字符串,通过 Map 和 Reduce 过程对字符串的单词出现的频率进行统计,最后输出结果。

【任务要求】

输入字符串:

```
this is map reduce hello map hello reduce
```

输出结果:

```
This is map results:
<this   1>
<is     1>
<map    1>
<reduce 1>
<hello  1>
<map    1>
<hello  1>
<reduce 1>
This is reduce results:
<this   1>
<is     1>
<map    2>
<reduce 2>
<hello  2>
```

【程序代码】

程序中的 my_map() 和 my_reduce() 函数分别实现了对字符串的 Map 和 Reduce 操作。这一计算过程都是在同一个节点上完成的,并未实现计算的并行化,历史上的 Lisp 语言也是运行在单机的上的程序。这是一个典型的 Map/Reduce 过程。

```c
/*文件名: mapreduce.c*/
#include <stdio.h>
#include <string.h>
#include <stdlib.h>
#define BUF_SIZE        2048
int my_map(char *buffer,char (*mapbuffer)[100]);
int my_reduce(char (*mapbuffer)[100],char (*reducebuffer)[100],int *count,int num);
int main(int argc, char *argv[]) {
    char buffer[BUF_SIZE];                  //定义存储字符串的缓冲区
    char mapbuffer[BUF_SIZE][100];          //定义存储 map 结果的缓冲区
    char reducebuffer[BUF_SIZE][100];       //定义存储 reduce 结果的缓冲区
    int count[BUF_SIZE]={0};                //定义每个单词计数数组
    int num;                                //单词总数
    int i;
    int countnum;                           //归约后的结果数
    fgets(buffer, BUF_SIZE - 1, stdin);
    buffer[strlen(buffer)-1]='\0';          //将字符串最后的回车符改为结束符
    num=my_map(buffer,mapbuffer);           //调用 map 函数处理字符串
    printf("This is map results:\n");
    for(i=0;i<num;i++) {
        printf("<%s\t1>\n",mapbuffer[i]);
    }
    countnum=my_reduce(mapbuffer,reducebuffer,count,num);   //调用 reduce 函数处理字符串
    printf("This is reduce results:\n");
    for(i=0;i<countnum;i++) {
        printf("<%s\t%d>\n",reducebuffer[i],count[i]);
    }
```

```
}
//map 函数，输入参数为字符串指针 buffer，map 后的结果通过 mapbuffer 参数传出
//函数返回值为字符串中单词个数
int my_map(char *buffer,char (*mapbuffer)[100]) {
  char *p;
  int num=0;
  if(p=strtok(buffer," ")) {
    strcpy(mapbuffer[num],p);
    num++;
  }
  else
    return num;
    while(p=strtok(NULL," ")) {
      strcpy(mapbuffer[num],p);
      num++;
  }
  return num;
}
//reduce 函数，输入参数为字符串 map 后的结果 mapbuffer 和单词个数 num
//reduce 结果通过 reducebuffer 和 count 参数传出
//函数返回值为 reduce 的结果个数
int my_reduce(char (*mapbuffer)[100],char (*reducebuffer)[100],int *count,int num)
{
  int i,j;
  int flag[BUF_SIZE]={0};
  char tmp[100];
  int countnum=0;
  for(i=0;i<num;i++) {
    if(flag[i]==0) {
      strcpy(tmp,mapbuffer[i]);
      flag[i]=1;
      strcpy(reducebuffer[countnum],mapbuffer[i]);
      count[countnum]=1;
      for(j=0;j<num;j++) {
if(memcmp(tmp,mapbuffer[j],strlen(tmp))==0&&(strlen(tmp)==strlen(mapbuffer[j]))&
&(flag[j]==0)) {
          count[countnum]++;
          flag[j]=1;
        }
      }
      countnum++;
    }
  }
  return countnum;
}
```

6.6 任务三 在 Hadoop 系统运行 MapReduce 程序

【任务内容】

Hadoop 的核心模块 MapReduce 功能非常强大，本任务使用测试程序 wordcount 完成对 Hadoop 系统上的两个文件的单词出现的频率进行统计，输出统计结果。

【实施步骤】

（1）在本地新建两个测试文件 file1.txt，file1.txt。

file1.txt 文件内容如下。

```
This is the first hadoop test program!
```

file2.txt 文件内容如下。

```
This program is not very difficult,but this program  is a common hadoop program!
```

（2）在 Hadoop 文件系统上新建文件夹 "input"，并列出目录。

```
$ hdfs dfs -mkdir /input
$ hdfs dfs -ls /
```

（3）将新建的文件 file1.txt、file2.txt 上传到刚刚创建的"input"文件夹中。

```
$ hdfs dfs -put *.txt /input
$ hdfs dfs -ls /input
```

（4）运行 Hadoop 的示例程序 wordcount，操作如下。

```
$ hadoop jar /home/hadoop/share/hadoop/mapreduce/
hadoop-mapreduce-examples-2.6.2.jar wordcount /input /output
```

（5）查看输出结果文件。

```
$ hdfs dfs -ls /output
Found 2 items
-rw-r--r--   3 hadoop supergroup          0 2016-02-03 23:09 /output/_SUCCESS
-rw-r--r--   3 hadoop supergroup        112 2016-02-03 23:09 /output/part-r-00000
```

（6）查看 wordcount 的统计结果。

```
$ hdfs dfs -cat /output/part-r-00000
```

显示信息如下。

```
This    2
a       1
common  1
difficult,but   1
first   1
hadoop  2
is      3
not     1
program 2
program!        2
test    1
the     1
this    1
very    1
```

练习题

1. Hadoop 采用_____语言开发，是对 Google 的_____核心技术的开源实现，目前 Hadoop 的核心模块包括_____和_____。

2. 谷歌"三宝"是_____、_____和_____。

3. 简述 GFS 的工作过程。

4. HDFS 中 Namenode 主节点负责_____，Datanode 子节点负责_____。

5. 简述 HDFS 的分块策略。

6. 简述 YARN 框架。

7. 简述搭建 Hadoop 开发环境的流程，并动手搭建 3 个节点的 Hadoop 集群。

8. MapReduce 是一种_____，它借鉴了最早出现在 LISP 语言和其他函数语言中的_____和_____操作。

9. MapReduce 的特点有哪些？

10. 在部署好的 Hadoop 集群下完成单词统计计数实例。

PART 7
第 7 章
分布式数据库——HBase

分布式数据库系统通常使用较小的计算机系统，每台计算机可单独放在一个地方，每台计算机中都可能有 DBMS 的一份完整复制副本，或者部分复制副本，并具有自己局部的数据库。位于不同地点的许多计算机通过网络互相连接，共同组成一个完整的，全局的逻辑上集中，物理上分布的大型数据库。

分布式数据库是指利用高速计算机网络将物理上分散的多个数据存储单元连接起来组成一个逻辑上统一的数据库。分布式数据库的基本思想是将原来集中式数据库中的数据分散存储到多个通过网络连接的数据存储节点上，以获取更大的存储容量和更高的并发访问量。

7.1 HBase

7.1.1 HBase 简介

HBase（Hadoop Database）是一个高可靠性、高性能、面向列、可伸缩的分布式存储系统，利用 HBase 技术可在廉价服务器上搭建起大规模结构化存储集群。HBase 是 Apache 的 Hadoop 项目的子项目。HBase 不同于一般的关系数据库，它是一个适合于非结构化数据存储的数据库。另一个不同的是，HBase 的模式是基于列的而不是基于行的。

HBase 是 Google BigTable 的开源实现，类似 Google BigTable 利用 GFS 作为其文件存储系统，HBase 利用 Hadoop HDFS 作为其文件存储系统；Google 运行 MapReduce 来处理 BigTable 中的海量数据，HBase 同样利用 Hadoop MapReduce 来处理 HBase 中的海量数据；Google BigTable 利用 Chubby 作为协同服务，HBase 利用 Zookeeper 作为对应。

Hadoop EcoSystem 中的各层系统，如图 7-1 所示。其中，HBase 位于结构化存储层，Hadoop HDFS 为 HBase 提供了高可靠性的底层存储支持，Hadoop MapReduce 为 HBase 提供了高性能的计算能力，Zookeeper 为 HBase 提供了稳定服务和 failover 机制。

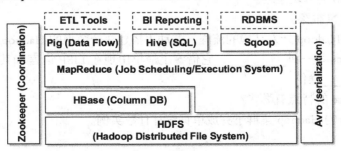

图 7-1 The Hadoop EcoSystem

此外，Pig 和 Hive 还为 HBase 提供了高层语言支持，使得在 HBase 上进行数据统计处理变的非常简单。Sqoop 则为 HBase 提供了方便的关系数据库管理系统（Relational Database Management System，RDBMS）数据导入功能，使得传统数据库数据向 HBase 中迁移变的非常方便。

7.1.2　HBase 物理模型

　　HBase 物理模型就是将逻辑模型中的一个 Row 分割成为根据 Column family 存储的物理模型。对于 BigTable 的数据模型操作的时候，会锁定 Row，并保证 Row 的原子操作。

　　HBase 物理存储如下。

　　（1）Table 中所有行都按照 Row key 的字典序排列。

　　（2）Table 在行的方向上分割为多个 Region。

　　（3）Region 是按大小分割的，每个表开始只有一个 Region；随着数据增多，Region 不断增大；当增大到一个阈值的时候，Region 就会等分为两个新的 Region，之后会有越来越多的 Region。

　　（4）Region 是 Hbase 中分布式存储和负载均衡的最小单元，不同 Region 分布到不同 RegionServer 上，如图 7-2 所示。

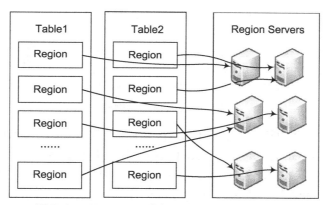

图 7-2　不同 Region 分布到不同 RegionServer 上

　　（5）Region 虽然是分布式存储的最小单元，但并不是存储的最小单元。Region 由一个或者多个 Store 组成，每个 Store 保存一个 Column family；每个 Strore 又由一个 MemStore 和 0 至多个 StoreFile 组成，StoreFile 包含 HFile；MemStore 存储在内存中，StoreFile 存储在 HDFS 上，如图 7-3 所示。

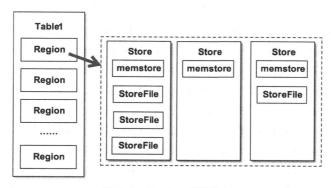

图 7-3　Region 存储结构

7.1.3 HBase 架构及基本组件

HBase Client 使用 HBase 的远程过程调用协议（Remote Procedure Call Protocol，RPC）机制与 HMaster 和 HRegionServer 进行通信。对于管理类操作，Client 与 HMaster 进行远程过程调用；对于数据读写类操作，Client 与 HRegionServer 进行远程过程调用。HBase 系统架构如图 7-4 所示。

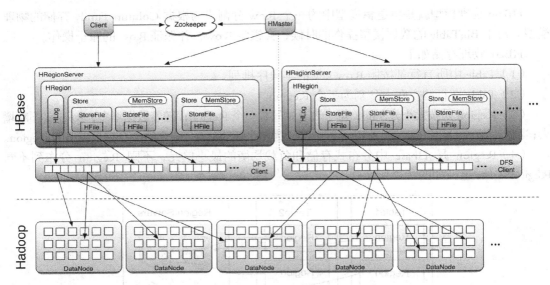

图 7-4 HBase 系统架构

ZooKeeper Quorum 中除了存储了 ROOT 表的地址和 HMaster 的地址，HRegionServer 也会把自己以 Ephemeral 方式注册到 ZooKeeper 中，使得 HMaster 可以随时感知到各个 HRegionServer 的健康状态。此外，ZooKeeper 也避免了 HMaster 的单点问题。

HBase 中可以启动多个 HMaster，通过 ZooKeeper 的 Master Election 机制保证总有一个 Master 运行，HMaster 在功能上主要负责 Table 和 Region 的管理工作。

（1）管理用户对 Table 的增、删、改、查操作。

（2）管理 HRegionServer 的负载均衡，调整 Region 分布。

（3）在 Region Split 后，负责新 Region 的分配。

（4）在 HRegionServer 停机后，负责失效 HRegionServer 上的 Regions 迁移。

HRegionServer 主要负责响应用户 I/O 请求，向 HDFS 文件系统中读写数据，是 HBase 中最核心的模块。HRegionServer 内部管理了一系列 HRegion 对象，每个 HRegion 对应了 Table 中的一个 Region，HRegion 中由多个 HStore 组成。每个 HStore 对应了 Table 中的一个 Column Family 的存储，可以看出每个 Column Family 其实就是一个集中的存储单元，因此最好将具备共同 IO 特性的 Column 放在一个 Column Family 中，这样最高效。

HStore 存储是 HBase 存储的核心，其中由两部分组成，一部分是 MemStore，一部分是 StoreFiles。MemStore 是 Sorted Memory Buffer，用户写入的数据首先会放入 MemStore，当 MemStore 满了以后会 Flush 成一个 StoreFile（底层实现是 HFile），当 StoreFile 文件数量增长到一定阈值，会触发 Compact 合并操作，将多个 StoreFiles 合并成一个 StoreFile，合并过程中会进行版本合并和数据删除，因此可以看出 HBase 其实只有增加数据，所有的更新和删除操作都是在后续的 Compact 过程中进行的，这使得用户的写操作只要进入内存中就可以立即返回，保证了 HBase I/O 的高性能。当 StoreFiles Compact 后，会逐步形成越来越大的 StoreFile，当单个 StoreFile 大小超过一定阈值后，会触发 Split 操作，同时把当前 Region Split 成 2 个 Region，父 Region 会下线，新 Split 出的 2 个孩子 Region 会被 HMaster 分配到相应的 HRegionServer 上，使得原先 1 个 Region 的压力得以分流到 2 个 Region 上。

HStore 在系统正常工作的前提下是没有问题的，但是在分布式系统环境中，无法避免系统出错或者宕机，因此一旦 HRegionServer 意外退出，MemStore 中的内存数据将会丢失，这就需要引入 HLog。每个 HRegionServer 中都有一个 HLog 对象，HLog 是一个实现 Write Ahead Log 的类。每次用户操作写入 MemStore 的同时，也会写一份数据到 HLog 文件中，HLog 文件定期会滚动出新的，并删除旧的文件（已持久化到 StoreFile 中的数据）。当 HRegionServer 意外终止后，HMaster 会通过 Zookeeper 感知到，HMaster 首先会处理遗留的 HLog 文件，将其中不同 Region 的 Log 数据进行拆分，分别放到相应 Region 的目录下，然后再将失效的 Region 重新分配，领取到这些 Region 的 HRegionServer 在 Load Region 的过程中，会发现有历史 HLog 需要处理，因此会 Replay HLog 中的数据到 MemStore 中，然后 Flush 到 StoreFiles，完成数据恢复。

7.1.4 HBase 组织结构

HBase 以表的形式存储数据，表由行和列族组成，列划分为若干个列族，其逻辑视图如表 7-1 所示。

（1）行键

行键（Row Key）是字节数组，任何字符串都可以作为行键。表中的行根据行键进行排序，数据按照 Row key 的字节序排序存储。所有对表的访问都要通过行键。

（2）列族

列族（Column Family，CF）必须在表定义时给出，每个 CF 可以有一个或多个列成员（Column Qualifier），列成员不需要在表定义时给出，新的列族成员可以随后按需、动态加入。数据按 CF 分开存储，HBase 所谓的列式存储就是根据 CF 分开存储（每个 CF 对应一个 Store）。这种设计非常适合于数据分析的情形。

（3）时间戳

每个 Cell 可能又多个版本，它们之间用时间戳（Time Stamp）区分。

（4）单元格

单元格（Cell）由行键、列族、限定符、时间戳唯一决定。Cell 中的数据是没有类型的，全部以字节码形式存储。

（5）区域

HBase 自动把表水平（按 Row）划分成多个区域（Region），每个 Region 会保存一个表里面某段连续的数据。每个表一开始只有一个 Region，随着数据不断插入表，Region 不断增大，当增大到一个阈值的时候，Region 就会等分会两个新的 Region。当 Table 中的行不断增多，就会有越来越多的 Region。这样一张完整的表被保存在多个 Region 上。HRegion 是 HBase 中分布式存储和负载均衡的最小单元。最小单元表示不同的 HRegion 可以分布在不同的 HRegionServer 上，但一个 HRegion 不会拆分到多个 server 上。

表 7-1　HBase 表

// CF	timestamp	grade	course	
// CL			math	python
lijie	ts2			78
	ts1		85	
	ts0	153yun		
xie	ts4		86	
	ts3	163soft		

7.2　任务 HBase 的搭建与使用

HBase 是一个分布式的、面向列的开源数据库。HBase 在 Hadoop 之上提供了类似于 BigTable 的能力。HBase 不同于一般的关系数据库，它是一个适合于非结构化数据存储的数据库。本任务使用 4 台节点机组成集群，每个节点机上安装 CentOS-6.5-x86_64 系统，4 台节点机需要搭建好 Hadoop 分布式系统环境。

7.2.1　子任务 1 HBase 环境的搭建

【任务内容】

Hadoop 是分布式平台，能把计算和存储都由 Hadoop 自动调节分布到接入的计算机单元中。HBase 是 Hadoop 上实现的数据库，Hadoop 和 HBase 是分布式计算与分布式数据库存储的有效组合。本子任务完成 HBase 环境的搭建和设置。

【实施步骤】

（1）搭建 Hadoop 运行环境，搭建过程参照第 6 章内容。

（2）登录 node1 节点机，创建 hbase 目录，操作如下。

```
# mkdir -p /home/hbase
```

（3）登录 node1 节点机，修改 hadoop 用户宿主目录的配置文件，操作如下。

```
# vi /home/hadoop/.bash_profile
```

修改内容：

```
PATH=$PATH:$HOME/bin:/home/hbase/bin
```

添加内容：

```
export HBASE_HOME=/home/hbase
```

（4）上传 hbase-1.1.2-bin.tar.gz 软件包到 node1 节点机的/root 目录下。

（5）安装系统主要是解压、移动，操作如下。

```
# tar xzvf /root/hbase-1.1.2-bin.tar.gz
# cd /root/hbase-1.1.2
# mv * /home/hbase
```

（6）修改 HBase 配置文件。

需要修改的 HBase 配置文件主要有 hbase-env.sh、hbase-site.xml 和 regionservers，配置文件存放在/home/hbase/conf/目录中。

① 修改 hbase-env.sh 文件。操作命令如下。

```
# cd /home/hbase/conf
# vi /home/hbase/conf/hbase-env.sh
```

修改两处内容如下。

```
export JAVA_HOME=/usr/lib/jvm/java-1.7.0
export HBASE_MANAGES_ZK=true
```

② 修改 hbase-site.xml 文件，添加如下内容。

```
<configuration>
<property>
<name>hbase.master</name>                    #指明 master 节点
<value>node1:60000</value>
</property>
<property>
<name>hbase.master.port</name>
<value>60000</value>
</property>
<property>
<name>hbase.master.maxclockskew</name>
<value>180000</value>
</property>
<property>
<name>hbase.rootdir</name>                    #指明数据位置
<value>hdfs://node1:9000/hbase</value>       #该值 hdfs://node1:9000 与
                                             #Hadoop 的 core-site.xml 配置相同
</property>
<property>
<name>hbase.cluster.distributed</name>       #指明是否配置成为集群模式
<value>true</value>
</property>
<property>
<name>hbase.zookeeper.quorum</name>          #指明 zookeeper 安装节点，为单数
<value>node2,node3,node4</value>
</property>
<property>
<name>hbase.zookeeper.property.dataDir</name>
                                             #指明 zookeeper 数据存储目录
<value>/home/hbase/tmp/zookeeper</value>
</property>
</configuration>
```

③ 修改配置文件 regionservers，添加 slave 节点的机器名或 IP 地址，操作如下。

```
# vi /home/hbase/conf/regionservers
```

内容如下。

```
node2
node3
node4
```

（7）将 node1 节点机的 HBase 系统复制到 node2、node3、node4 节点机上，操作如下。

```
# cd /home
# scp -r hbase node2:/home
# scp -r hbase node3:/home
# scp -r hbase node4:/home
```

（8）分别修改 4 台节点机文件属性，操作如下。

```
# chown -R hadoop:hadoop /home/hbase
```

至此 HBase 环境搭建成功。

7.2.2　子任务 2 HBase 的启动

【任务内容】

本子任务完成 HBase 的启动，运行状态检查等。

【实施步骤】

（1）以 Hadoop 用户登录 node1 节点机，启动 HBase 服务，操作如下。

```
$ start-hbase.sh
```

（2）登录各节点机，检查运行状态，操作如下。

```
$ jps
```

master 节点显示有 HMaster 进程，slave 节点显示有 HRegionServer 和 HQuorumPeer，表示系统启动正常。

（3）打开浏览器，登录 HBase 的 Web 服务，如图 7-5 所示。

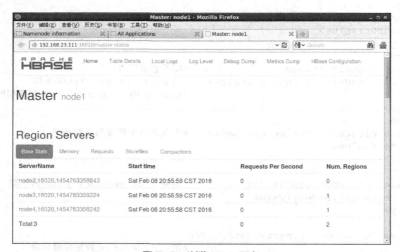

图 7-5　浏览 Web 服务

7.2.3　子任务 3 HBase Shell 的使用

【任务内容】

HBase Shell 为用户提供了一种非常方便的使用方式。HBase Shell 提供了 HBase 的大多数命令，通过 HBase Shell 用户可以方便地创建、删除及修改表，还可以向表中添加数据、列出表中的相关信息等。HBase Shell 的主要命令包括：创建表（create），查看表的结构（describe），表激活/取消（enable/disable），删除表（drop），表读/写（get/put）。本子任务完成 HBase 数据库的基本操作。

【实施步骤】

（1）以 Hadoop 用户登录 node1 节点机，启动 HBase shell，命令如下。

```
$ hbase shell
```

启动成功后显示如下：

```
hbase(main):001:0>
```

（2）创建表 scores，包含两个列族：grade 和 course，命令如下。

```
hbase(main):001:0> create 'scores','grade','course'
```

（3）查看当前 HBase 的表，命令如下。

```
hbase(main):002:0> list
```

（4）添加记录，命令如下。

```
hbase(main):003:0> put 'scores','lijie','grade:','153yun'
hbase(main):004:0> put 'scores','lijie','course:math','85'
hbase(main):005:0> put 'scores','lijie','course:python','78'
hbase(main):006:0> put 'scores','xie','grade:','163soft'
hbase(main):007:0> put 'scores','xie','course:math','86'
```

（5）读记录，命令如下。

```
hbase(main):008:0> get 'scores','lijie'
hbase(main):009:0> get 'scores','lijie','grade'
hbase(main):010:0> scan 'scores'
hbase(main):011:0> scan 'scores',{COLUMNS=>'course'}
```

（6）删除记录，命令如下。

```
hbase(main):012:0> delete 'scores','lijie','grade'
```

（7）增加列族，命令如下。

```
hbase(main):013:0> alter 'scores',NAME=>'age'
```

（8）删除列族，命令如下。

```
hbase(main):014:0> alter 'scores',NAME=>'age',METHOD=>'delete'
```

（9）查看表结构，命令如下。

```
hbase(main):015:0> describe 'scores'
```

（10）删除表，命令如下。

```
hbase(main):016:0> disable 'scores'
hbase(main):017:0> drop 'scores'
```

7.2.4 子任务 4 HBase 编程

HBase 提供几个 Java API 接口，方便编程调用。

（1）HBaseConfiguration

关系：org.apache.hadoop.hbase.HBaseConfiguration

作用：通过此类可以对 HBase 进行配置。

（2）HBaseAdmin

关系：org.apache.hadoop.hbase.client.HBaseAdmin

作用：提供一个接口来管理 HBase 数据库中的表信息。它提供创建表、删除表等方法。

（3）HTableDescriptor

关系：org.apache.hadoop.hbase.client.HTableDescriptor

作用：包含了表的名字及其对应列族。

HTableDescriptor 提供的方法有：

      void addFamily(HColumnDescriptor)　　　　　　　添加一个列族

      HColumnDescriptor removeFamily(byte[] column)　　移除一个列族

byte[] getName()	获取表的名字
byte[] getValue(byte[] key)	获取属性的值
void setValue(String key,String value)	设置属性的值

（4）HColumnDescriptor

关系：org.apache.hadoop.hbase.client.HColumnDescriptor

作用：维护关于列的信息。

HColumnDescriptor 提供的方法有

byte[] getName()	获取列族的名字
byte[] getValue()	获取对应的属性的值
void setValue(String key,String value)	设置对应属性的值

（5）HTable

关系：org.apache.hadoop.hbase.client.HTable

作用：用户与 HBase 表进行通信。此方法对于更新操作来说是非线程安全的，如果启动多个线程尝试与单个 HTable 实例进行通信，那么写缓冲器可能会崩溃。

（6）Put

关系：org.apache.hadoop.hbase.client.Put

作用：用于对单个行执行添加操作。

（7）Get

关系：org.apache.hadoop.hbase.client.Get

作用：用于获取单个行的相关信息。

（8）Result

关系：org.apache.hadoop.hbase.client.Result

作用：存储 Get 或 Scan 操作后获取的单行值。

（9）ResultScanner

关系：Interface

作用：客户端获取值的接口。

【任务内容】

对 HBase 所有编程方式的数据操作访问，均通过 HTableInterface 或实现了 HTableInterface 的 HTable 类完成。两者都支持之前描述的全部 HBase 主要操作，包括 Get、Scan、Put 和 Delete。本子任务完成 HBase 数据库的编程。

【实施步骤】

（1）开发环境 Eclipse 的搭建。

① 上传 eclipse-java-kepler-SR2-linux-gtk-x86_64.tar.gz 到 node1 节点机/root 目录下。

② 登录 node1 节点机，解压开发包到/usr/local 目录下，操作如下。

```
# cd /usr/local
# tar xzvf /root/eclipse-java-kepler-SR2-linux-gtk- x86_64.tar.gz
```

③ 登录图形界面，以 Hadoop 用户登录，打开终端命令行窗口，输入命令，操作如图 7-6 所示。

④ 执行命令后打开对话框，输入工作目录，如图 7-7 所示。

图 7-6　终端命令行窗口

图 7-7　输入工作目录

⑤ 输入工作目录后显示 Eclipse 开发界面，如图 7-8 所示。

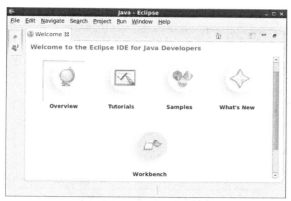

图 7-8　Eclipse 开发界面

（2）创建一个新的 Java 工程"HBaseClient"，如图 7-9 所示。

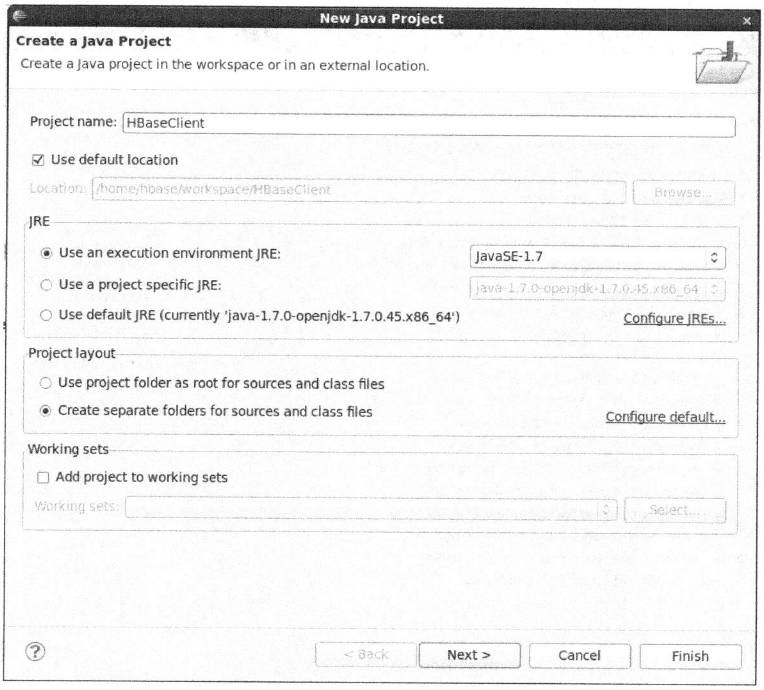

![New Java Project]

Create a Java Project
Create a Java project in the workspace or in an external location.

Project name: HBaseClient

☑ Use default location

Location: /home/hbase/workspace/HBaseClient　　Browse...

JRE

● Use an execution environment JRE:　　JavaSE-1.7

○ Use a project specific JRE:　　java-1.7.0-openjdk-1.7.0.45.x86_64

○ Use default JRE (currently 'java-1.7.0-openjdk-1.7.0.45.x86_64')　　Configure JREs...

Project layout

○ Use project folder as root for sources and class files

● Create separate folders for sources and class files　　Configure default...

Working sets

☐ Add project to working sets

Working sets:　　Select...

< Back　　Next >　　Cancel　　Finish

图 7-9　创建工程

（3）单击"Next>"按钮，显示如图 7-10 所示。

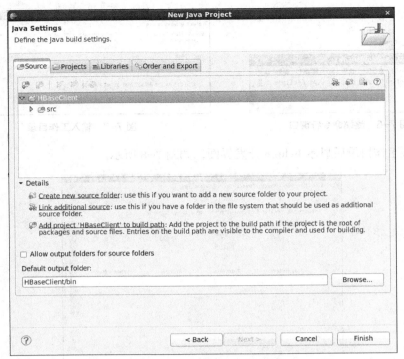

图 7-10　HBaseClient 工程

（4）单击"Libraries"后，单击"Add External JARs…"按钮，添加$HBASE_HOME/lib 目录下所有 jar，如图 7-11 所示。

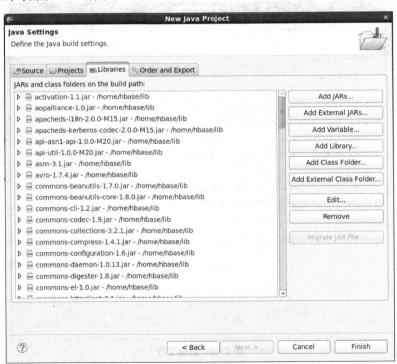

图 7-11　添加 jar 包

（5）单击"Finish"按钮后，新建包和类，如图 7-12 所示。

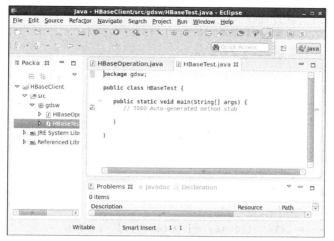

图 7-12　新建包和类

HBaseOperation.java 代码如下：

```java
package gdsw;
import java.io.IOException;
import java.util.ArrayList;
import java.util.List;
import org.apache.hadoop.conf.Configuration;
import org.apache.hadoop.hbase.HBaseConfiguration;
import org.apache.hadoop.hbase.HColumnDescriptor;
import org.apache.hadoop.hbase.HTableDescriptor;
import org.apache.hadoop.hbase.client.Delete;
import org.apache.hadoop.hbase.client.Get;
import org.apache.hadoop.hbase.client.HBaseAdmin;
import org.apache.hadoop.hbase.client.HTable;
import org.apache.hadoop.hbase.client.Put;
import org.apache.hadoop.hbase.client.Result;
import org.apache.hadoop.hbase.client.ResultScanner;
import org.apache.hadoop.hbase.client.Scan;
public class HBaseOperation {
  private Configuration conf;
  private HBaseAdmin admin;
  public  HBaseOperation(Configuration conf) throws  IOException{
    this.conf=HBaseConfiguration.create(conf);
    this.admin =new HBaseAdmin(this.conf);
  }
  public HBaseOperation() throws IOException{
    Configuration cnf = new Configuration();
    this.conf=HBaseConfiguration.create(cnf);
    this.admin=new HBaseAdmin(this.conf);
  }
//1-创建表
  public void createTable(String tableName,String colFamilies[]) throws IOException{
   if(this.admin.tableExists(tableName)){
     System.out.println("表: "+tableName+" 已经存在!");
   }else{
     HTableDescriptor dsc = new HTableDescriptor(tableName);
     int len = colFamilies.length;
     for(int i=0;i<len;i++){
       HColumnDescriptor family = new HColumnDescriptor(colFamilies[i]);
       dsc.addFamily(family);
     }
     admin.createTable(dsc);
     System.out.println("创建表成功");
   }
  }
```

```
//2-删除表
public void deleteTable(String tableName) throws IOException{
  if(this.admin.tableExists(tableName)){
    admin.deleteTable(tableName);
    System.out.println("删除表成功");
  }else{
    System.out.println("表不存在!");
  }
}
//3-插入一行记录
public void insertRecord(String tableName,String rowkey,String family,String
qualifier,String value) throws IOException {
  HTable table = new HTable(this.conf,tableName);
  Put  put = new Put(rowkey.getBytes());
  put.add(family.getBytes(),qualifier.getBytes(),value.getBytes());
  table.put(put);
  System.out.println("插入行成功");
}
//4-删除一行记录
public void deleteRecord(String tableName,String rowkey) throws IOException{
  HTable table = new HTable(this.conf,tableName);
  Delete del =new Delete(rowkey.getBytes());
  table.delete(del);
  System.out.println("删除行成功");
}
//5-获取一行记录
public Result getOneRecord(String tableName,String rowkey) throws IOException{
  HTable table =new HTable(this.conf,tableName);
  Get get =new Get(rowkey.getBytes());
  Result rs = table.get(get);
  return rs;
}
//6-获取所有记录
public List<Result> getAllRecord(String tableName) throws IOException{
  HTable table = new HTable(this.conf,tableName);
  Scan scan = new Scan();
  ResultScanner scanner = table.getScanner(scan);
  List<Result> list =new ArrayList<Result>();
  for(Result r:scanner){
    list.add(r);
  }
  scanner.close();
  return list;
}
}
```

HBaseTest.java 代码如下:

```
package gdsw;
import java.io.IOException;
import java.util.Iterator;
import java.util.List;
import org.apache.hadoop.conf.Configuration;
import org.apache.hadoop.hbase.KeyValue;
import org.apache.hadoop.hbase.client.Result;
public class HBaseTest {
  public static void main(String[] args) throws IOException {
    System.out.println("www.swvtc.cn -- hello welcome");
    //1-初始化 HBaseOperation
    Configuration conf = new Configuration();
    //与$HBASE-HOME/conf/hbase-site.xml 中 hbase.zookeeper.quorum 配置的值相同
    conf.set("hbase.zookeeper.quorum", "node2,node3,node4");
    //与$HBASE-HOME/conf/hbase-site.xml 中 hbase.zookeeper.property.clientPort 配置的
值相同
    conf.set("hbase.zookeeper.property.clientPort", "2181");
    HBaseOperation hbase = new HBaseOperation(conf);
    //2-创建表
    String tableName = "swpt";
    String colFamilies[]={"article","author"};
```

```
    hbase.createTable(tableName, colFamilies);
    //3-插入一条记录
    hbase.insertRecord(tableName, "row1", "article", "title", "HBase");
    hbase.insertRecord(tableName, "row1", "author", "name", "Cat");
    hbase.insertRecord(tableName, "row1", "author", "nickname", "Tom");
    //4-查询一条记录
    Result rs1 = hbase.getOneRecord(tableName, "row1");
    for(KeyValue kv: rs1.raw()){
      System.out.println(new String(kv.getRow()));
      System.out.println(new String(kv.getFamily()));
      System.out.println(new String(kv.getQualifier()));
      System.out.println(new String(kv.getValue()));
    }
    //5-查询整个 Table
    List<Result> list =null;
    list= hbase.getAllRecord(tableName);
    Iterator<Result> it = list.iterator();
    while(it.hasNext()){
      Result rs2=it.next();
      for(KeyValue kv : rs2.raw()){
        System.out.print("row key is : " + new String(kv.getRow()));
        System.out.print("family is  : " + new String(kv.getFamily()));
        System.out.print("qualifier is:" + new String(kv.getQualifier()));
        System.out.print("timestamp is:" + kv.getTimestamp());
        System.out.println("Value  is  : " + new String(kv.getValue()));
      }
    }
  }
}
```

（6）单击"运行"按钮，运行结果如图 7-13 所示。

图 7-13　运行结果

Console 显示的内容如下。

```
www.swvtc.cn -- hello welcome
log4j:WARN No appenders could be found for logger
(org.apache.hadoop.metrics2.lib.MutableMetricsFactory).
log4j:WARN Please initialize the log4j system properly.
log4j:WARN See http://logging.apache.org/log4j/1.2/faq.html#noconfig for more
info.
创建表成功
插入行成功
插入行成功
插入行成功
row1
article
title
```

```
HBase
row1
author
name
Cat
row1
author
nickname
Tom
row key is : row1family is  : articlequalifier is:titletimestamp
is:1455118501707Value  is : HBase
row key is : row1family is  : authorqualifier is:nametimestamp
is:1455118501733Value  is : Cat
row key is : row1family is  : authorqualifier is:nicknametimestamp
is:1455118501746Value  is : Tom
```

练习题

1. 分布式数据库的基本思想是将_____的数据分散存储到_____，以获取_____和_____。

2. HBase 利用_____作为文件存储系统、利用_____来处理海量数据和利用_____作为协同服务。

3. 简述 HBase 的物理模型。

4. HMaster 的主要功能是什么？

5. 在部署 HBase 时，需要修改的配置文件主要有_____、_____和_____，这些配置文件都默认存放在_____目录。

6. HBase 启动后，在 master 节点显示的进程名为_____，在 slave 节点显示的进程名为_____和_____。

7. 如何使用 HBase shell 创建表、查看表结构及对表进行读取和写入操作？

8. 编写一个可用于实现对 HBase 数据库查询的程序。

## PART 8

第8章
数据仓库平台——Hive

数据仓库（Data Warehouse）是决策支持系统（DSS）和联机分析应用数据源的结构化数据环境。数据仓库研究和解决从数据库中获取信息的问题。数据仓库的主要特点为面向主题的（Subject Oriented）、集成的（Integrated）、相对稳定的（Non-Volatile）和具有时变性（Time Variant）。数据仓库由数据仓库之父比尔·恩门（Bill Inmon）于 1990 年提出。其主要功能是将组织透过信息系统的联机事务处理（OLTP）累积的大量资料，透过数据仓库理论所特有的资料储存架构，做已有系统的分析整理，以利各种分析方法如联机分析处理（OLAP）、数据挖掘（Data Mining）的进行，并进而支持决策、支持系统、主管信息系统（EIS）的创建，帮助决策者能快速有效地从大量资料中分析出有价值的信息，以利决策拟定及快速回应外在环境变动，帮助建构商业智能(BI)。

8.1 Hive

8.1.1 Hive 简介

Hive 是建立在 Hadoop 上的数据仓库基础构架。它提供了一系列的工具，可以用来进行数据提取转化加载（ETL），这是一种可以存储、查询和分析存储在 Hadoop 中大规模数据的机制。Hive 定义了简单的类 SQL 查询语言，称为 HQL，它允许熟悉 SQL 的用户查询数据。同时，这个语言也允许熟悉 MapReduce 的开发者开发自定义的 Mapper 和 Reducer 来处理内建的 Mapper 和 Reducer 无法完成的复杂的分析工作。Hadoop 是批处理系统，不能保证低延迟，因此，基于 Hadoop 的 Hive 查询也不能保证低延迟。

Hive 是一个构建于 Hadoop 顶层的数据仓库，注意这里不是数据库。Hive 可以看作是用户编程接口，它本身不存储和计算数据，它依赖于 HDFS 和 MapReduce。

Hive 是 Facebook 2008 年 8 月刚开源的一个数据仓库框架，其系统目标与 Pig 有相似之处，但它有一些 Pig 目前还不支持的机制，比如更丰富的类型系统、更类似 SQL 的查询语言、Table/Partition 元数据的持久化等。

8.1.2 Hive 的体系结构

Hive 的体系结构如图 8-1 所示，主要分为以下几个部分。

（1）用户接口：包括命令行 CLI，Client，Web 界面 WUI，JDBC/ODBC 接口等。

（2）中间件：包括 Thrift 接口和 JDBC/ODBC 的服务端，用于整合 Hive 和其他程序。

（3）元数据 Metadata 存储：通常是存储在关系数据库如 MySQL，Derby 中的系统。

（4）底层驱动：包括 HiveQL 解释器、编译器、优化器、执行器（引擎）。

（5）Hadoop：用 HDFS 进行存储，利用 MapReduce 进行计算。

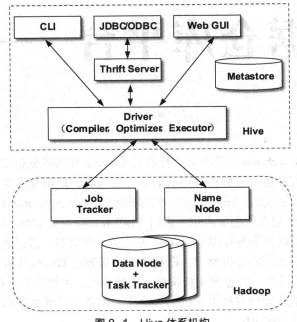

图 8-1　Hive 体系机构

用户接口主要命令有三个：CLI，Client 和 WUI。其中最常用的是 CLI。CLI 启动的时候，会同时启动一个 Hive 副本。Client 是 Hive 的客户端，用户连接至 Hive Server。在启动 Client 模式的时候，需要指出 Hive Server 所在节点，并且在该节点启动 Hive Server。WUI 是通过浏览器访问 Hive。

Hive 将元数据存储在数据库中，如 MySQL、Derby。Hive 中的元数据包括表的名字，表的列和分区及其属性，表的属性（是否为外部表等），表的数据所在目录等。

解释器、编译器、优化器完成 HQL 查询语句从词法分析、语法分析、编译、优化以及查询计划的生成。生成的查询计划存储在 HDFS 中，并在随后由 MapReduce 调用执行。

Hive 的数据存储在 HDFS 中，大部分的查询由 MapReduce 完成（包含 * 的查询，比如 select * from tbl 不会生成 MapRedcue 任务）。

Hive 与 Hadoop 之间的关系如图 8-2 所示。

图 8-2　Hive 与 Hadoop 的关系

8.1.3　Hive 元数据存储

MetaStore 类似于 Hive 的目录。它存放了表、区、列、类型、规则模型的所有信息；并且它可以通过 Thrift 接口进行修改和查询。它为编译器提供高效的服务，所以它会存放在一个传统的 RDBMS 中，利用关系模型进行管理。这个信息非常重要，所以它需要备份，并且支持查询的可扩展性。

Hive 将元数据存储在 RDBMS 中，有三种模式可以连接到数据库。

（1）Single User Mode：此模式连接到一个 In-memory 的数据库 Derby，只能允许一个会话连接，只适合简单的测试，如图 8-3 所示。

（2）Multi User Mode：通过网络连接到一个数据库，一般使用 MySQL 作为元数据库，Hive 内部对 MySQL 提供了很好的支持，如图 8-4 所示。

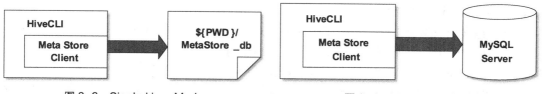

图 8-3 Single User Mode   图 8-4 Multi User Mode

用 MySQL 作为 Hive Meta Store 的存储数据库，主要涉及的元数据表，如表 8-1 所示。

表 8-1 元数据表

表名	说明	关联键
TBLS	所有 Hive 表的基本信息（表名，创建时间，所属者等）	TBL_ID,SD_ID
TABLE_PARAM	表级属性（如是否外部表，表注释，最后修改时间等）	TBL_ID
COLUMNS	Hive 表字段信息（字段注释，字段名，字段类型，字段序号）	SD_ID
SDS	所有 Hive 表、表分区所对应的 hdfs 数据目录和数据格式	SD_ID,SERDE_ID
SERDE_PARAM	序列化反序列化信息，如行分隔符、列分隔符、NULL 的表示字符等	SERDE_ID
PARTITIONS	Hive 表分区信息（所属表，分区值）	PART_ID,SD_ID,TBL_ID
PARTITION_KEYS	Hive 分区表分区键（即分区字段）	TBL_ID

（3）Remote Server Mode：用于非 Java 客户端访问元数据库，在服务器端启动一个 Meta Store Server，客户端利用 Thrift 协议通过 Meta Store Server 访问元数据库，如图 8-5 所示。

图 8-5 Remote Server Mode

Hive 的数据在 HDFS 的 Warehouse 目录下，一个表对应一个子目录。本地的/tmp 目录存放日志和执行计划。Hive 的表分为两种，内表和外表。

Hive 创建内部表时，会将数据移动到数据仓库指向的路径；若创建外部表，仅记录数据所在的路径，不对数据的位置做任何改变。在删除表的时候，内部表的元数据和数据会被一起删除，而外部表只删除元数据，不删除数据。这样外部表相对来说更加安全些，数据组织也更加灵活，方便共享源数据。

8.1.4 Hive 的数据存储

Hive 没有专门的数据存储格式，也没有为数据建立索引，所有的数据都存储在 HDFS 中，用户可以自由的组织 Hive 中的表，只需要在创建表的时候告诉 Hive 数据中的列分隔符和行分隔符，Hive 就可以解析数据。

Hive 包含的数据模型有 Table，External Table，Partition 和 Bucket。

（1）表（Table）：一个表就是 HDFS 中的一个目录。

（2）区（Partition）：表内的一个区就是表的目录下的一个子目录。

（3）桶（Bucket）：如果有分区，那么桶就是区下的一个单位；如果表内没有区，那么桶直接就是表下的单位。桶一般是文件的形式。

Hive 中的 Table 和数据库中的 Table 在概念上是类似的，每一个 Table 在 Hive 中都有一个相应的目录存储数据。例如，一个表 pvs，它在 HDFS 中的路径为/wh/pvs。其中，wh 是在 hive-site.xml 中由${hive.metastore.warehouse.dir}指定的数据仓库的目录，所有的 Table 数据（不包括 External Table）都保存在这个目录中。

Partition 对应于数据库中 Partition 列的密集索引，但是 Hive 中 Partition 的组织方式和数据库中很不相同。在 Hive 中，表中的一个 Partition 对应于表下的一个目录，所有 Partition 的数据都存储在对应的目录中。例如，pvs 表中包含 ds 和 city 两个 Partition，则对应于 ds=20090801，ctry=US 的 HDFS 子目录为/wh/pvs/ds=20090801/ctry=US；对应于 ds=20090801，ctry=CA 的 HDFS 子目录为/wh/pvs/ds=20090801/ctry=CA。表是否分区，如何添加分区，都可以通过 Hive-QL 语言完成。通过分区，即目录的存放形式，Hive 可以比较容易地完成对分区条件的查询。

Buckets 对指定列计算 hash 值，根据 hash 值切分数据，目的是为了并行。每一个 Bucket 对应一个文件。将 user 列分散至 32 个 bucket。首先对 user 列的值计算 hash 值，对应 hash 值为 0 的 HDFS 目录为/wh/pvs/ds=20090801/ctry=US/part-00000；hash 值为 20 的 HDFS 目录为：/wh/pvs/ds=20090801/ctry=US/part-00020。桶是 Hive 的最终的存储形式。在创建表时，用户可以对桶和列进行详细地描述。

（4）外部表（External Table）：指向已经在 HDFS 中存在的数据，可以创建 Partition。它和 Table 在元数据的组织上是相同的，而实际数据的存储则有较大的差异。

Table 在创建过程和数据加载过程（这两个过程可以在同一个语句中完成）中，实际数据会被移动到数据仓库目录中。之后对数据的访问将会直接在数据仓库目录中完成。删除表时，表中的数据和元数据将会被同时删除。

External Table 只有一个过程，加载数据和创建表同时完成，实际数据是存储在 LOCATION 后面指定的 HDFS 路径中，并不会移动到数据仓库目录中。当删除一个 External Table 时，仅删除元数据。

8.1.5 Hive 和普通关系型数据库的差异

由于 Hive 采用了 SQL 的查询语言 HQL，因此很容易将 Hive 理解为数据库。其实从结构上来看，Hive 和数据库除了拥有类似的查询语言，再无类似之处。数据库可以用在 Online 的应用中，但是 Hive 是为数据仓库而设计的。清楚这一点，有助于从应用角度理解 Hive 的特性。

1．查询语言

由于 SQL 被广泛的应用在数据仓库中，因此专门针对 Hive 的特性，设计了类 SQL 的查询语言 HQL。熟悉 SQL 开发的开发者可以很方便地使用 Hive 进行开发。

2．数据存储位置

Hive 是建立在 Hadoop 之上的，所有 Hive 的数据都是存储在 HDFS 中的。而数据库则可以将数据保存在块设备或者本地文件系统中。

3．数据格式

Hive 中没有定义专门的数据格式，数据格式可以由用户指定。用户定义数据格式需要指定三个属性：列分隔符（通常为空格、"\t""\x001"）、行分隔符（"\n"）以及读取文件数据的方法（Hive 中默认有三个文件格式 TextFile，SequenceFile 以及 RCFile）。由于在加载数据的过程中，不需要进行从用户数据格式到 Hive 定义的数据格式的转换，因此 Hive 在加载的过程中不会对数据本身进行任何修改，而只是将数据内容复制或者移动到相应的 HDFS 目录中。而在数据库中，不同的数据库有不同的存储引擎，定义了自己的数据格式。所有数据都会按照一定的组织存储，因此，数据库加载数据的过程会比较耗时。

4．数据更新

由于 Hive 是针对数据仓库应用设计的，而数据仓库的内容是读多写少，因此，Hive 中不支持对数据的改写和添加，所有的数据都是在加载的时候就确定好的。数据库中的数据通常是需要经常进行修改的，因此可以使用 INSERT INTO...VALUES 添加数据，使用 UPDATE...SET 修改数据。

5．索引

Hive 在加载数据的过程中不会对数据进行任何处理，甚至不会对数据进行扫描，因此也没有对数据中的某些 Key 建立索引。Hive 要访问数据中满足条件的特定值时，需要扫描整个数据，因此访问延迟较高。由于 MapReduce 的引入，Hive 可以并行访问数据，因此即使没有索引，对于大数据量的访问，Hive 仍然可以体现出优势。数据库中，通常会针对一个或者几个列建立索引，因此对于少量特定条件的数据访问，数据库可以有很高的效率，较低的延迟。由于数据的访问延迟较高，决定了 Hive 不适合在线数据查询。

6．执行

Hive 中大多数查询的执行是通过 Hadoop 提供的 MapReduce 来实现的（类似 select * from tbl 的查询不需要 MapReduce）。而数据库通常有自己的执行引擎。

7．执行延迟

Hive 在查询数据的时候，由于没有索引，需要扫描整个表，因此延迟较高。另外一个导致 Hive 执行延迟高的因素是 MapReduce 框架。由于 MapReduce 本身具有较高的延迟，因此在利用 MapReduce 执行 Hive 查询时，也会有较高的延迟。相对的，数据库的执行延迟较低。当然，这个低是有条件的，即数据规模较小，当数据规模大到超过数据库的处理能力的时候，Hive 的并行计算显然能体现出优势。

8．可扩展性

由于 Hive 是建立在 Hadoop 之上的，因此 Hive 的可扩展性是和 Hadoop 的可扩展性是一致的。而数据库由于 ACID 语义的严格限制，扩展行非常有限。目前最先进的并行数据库 Oracle 在理论上的扩展能力也只有 100 台左右。

9．数据规模

由于 Hive 建立在集群上并可以利用 MapReduce 进行并行计算，因此可以支持很大规模的数据；而普通的关系型数据库能支持的数据规模则相对较小。

8.2 任务 Hive 的搭建与使用

本任务使用 4 台节点机组成集群，每个节点机上安装 CentOS-6.5-x86_64 系统，4 台节点机需要搭建好 Hadoop 分布式系统环境和 HBase 系统。为了支持多用户多会话，选择 MySQL 作为 Hive 元数据库。

8.2.1 子任务 1 MySQL 的搭建

【任务内容】

本任务完成 MySQL 数据库的安装和配置，启动 MySQL 服务器，完成一些数据库基本操作。

【实施步骤】

（1）登录 node1 节点机，安装 MySQL，操作如下。

```
# cd /media/CentOS_6.5_Final/Packages/
# rpm -ivh mysql-5.1.71-1.el6.x86_64.rpm
# rpm -ivh perl-DBI-1.609-4.el6.x86_64.rpm
# rpm -ivh perl-DBD-MySQL-4.013-3.el6.x86_64.rpm
# rpm -ivh mysql-server-5.1.71-1.el6.x86_64.rpm
```

（2）修改配置文件 my.cnf，修改默认字符集，操作如下。

```
# vi /etc/my.cnf
```

在文件内容[mysqld]下面增加如下一行。

```
character-set-server=utf8
```

在文件末尾添加如下两行。

```
[mysql]
default-character-set=utf8
```

（3）启动 MySQL 服务，操作如下。

```
# service mysqld start
# chkconfig mysqld on
```

（4）设置管理员密码，操作如下。

```
# mysqladmin -uroot password 123456
```

（5）登录 MySQL 系统，操作如下。

```
# mysql -uroot -p123456
```

（6）给 Hive 用户授权，操作如下。

```
mysql> grant all on *.* to hive@node1 identified by '123456' with grant option;
```

（7）刷新 MySQL 的系统权限，操作如下。

```
mysql> flush privileges;
```

（8）修改用户密码，操作如下。

```
mysql> use mysql;
mysql> update user set password=password("123456") where user="root";
```

（9）删除空用户，操作如下。

```
mysql> use mysql;
mysql> delete from user where user="";
```

（10）测试用户，使用 Hive 用户登录 MySQL 系统，操作如下。

```
# mysql -hnode1 -uhive -p123456
```

（11）MySQL 常用操作。

① 登录 MySQL：mysql -uroot -p12346
② 设置密码：mysqladmin -uroot password 1111
③ 修改密码：mysqladmin -uroot -p1111 password 123456
④ 数据库导出：mysqldump -uroot -p123456 test > test.sql
⑤ 导入数据库：mysql -uroot -p123456 --default-character-set=utf8 test < test.sql
⑥ 导入数据库：mysql> use test;
　　　　　　　 mysql> source test.sql;
⑦ 数据导出：　mysql> select * from mytb into outfile '/tmp/mytb.txt';
⑧ 导入数据：　mysql> load data infile '/tmp/mytb.txt' into table mytb;
⑨ 显示数据库：mysql> show databases;
⑩ 打开数据库：mysql> use mysql;
⑪ 显示数据表：mysql> show tables;
⑫ 显示表结构：mysql> describe user;
⑬ 显示表的列：mysql> show columns from user;
⑭ 查看帮助：　mysql> help show;
⑮ 删除表：　　mysql> drop table mytb;
⑯ 删除数据库：mysql> drop database mydb;
⑰ 创建用户：　mysql> create user hive@'%' identified by '123456';
⑱ 授权：　　　mysql> grant all on *.* to hive@'%' identified by '123456' with grant option;
⑲ 退出 MySQL：mysql> exit;
```

## 8.2.2　子任务 2 Hive 环境的搭建

【任务内容】

Hive 是一种强大的数据仓库查询语言，类似 SQL。本子任务完成 Hive 基本环境的搭建和配置。

【实施步骤】

（1）搭建 Hadoop 和 HBase 运行环境，搭建过程参照第 6 章和第 7 章内容。

（2）登录 node1 节点机，创建 Hive 目录，操作如下。

```
# mkdir -p /home/hive
```

（3）登录 node1 节点机，修改 Hadoop 用户宿主目录的配置文件，操作如下。

```
# vi /home/hadoop/.bash_profile
```

修改内容：

```
PATH=$PATH:$HOME/bin:/home/hbase/bin:/home/hive/bin
```

添加内容：

```
export HIVE_HOME=/home/hive
export HADOOP_HOME=/home/hadoop
```
```

（4）上传 apache-hive-1.2.1-bin.tar.gz 软件包到 node1 节点机的/root 目录下。

（5）安装系统主要是解压、移动，操作如下。

```
# tar xzvf /root/apache-hive-1.2.1-bin.tar.gz
# cd /root/apache-hive-1.2.1-bin
# mv * /home/hive
```

（6）进入 conf 目录，修改文件名，操作如下。

```
# cd /home/hive/conf
# mv beeline-log4j.properties.template beeline-log4j.properties
# mv hive-env.sh.template hive-env.sh
# mv hive-exec-log4j.properties.template  hive-exec-log4j.properties
# mv hive-log4j.properties.template  hive-log4j.properties
```

（7）修改 Hive 配置文件。

Hive 配置文件主要有 hive-env.sh、hive-site.xml，配置文件在/home/ hive/conf /目录下。

① 修改 hive-env.sh，操作如下。

```
# vi /home/hive/conf/hive-env.sh
```

添加内容如下。

```
HADOOP_HOME=/home/hadoop/
export HIVE_CONF_DIR=/home/hive/conf
export HIVE_AUX_JARS_PATH=/home/hive/lib
```

② 创建配置文件 hive-site.xml，操作如下。

```
# vi /home/hive/conf/hive-site.xml
```

添加内容如下。

```
<?xml version="1.0"?>
<?xml-stylesheet type="text/xsl" href="configuration.xsl"?>
<configuration>
  <property>
    <name>hive.metastore.warehouse.dir</name>
    <value>/home/hive/warehouse</value>
    <description>location of default database for the warehouse</description>
  </property>
  <!-- metadata database connection configuration -->
  <property>
    <name>javax.jdo.option.ConnectionURL</name>
<value>jdbc:mysql://node1:3306/hive?createDatabaseIfNotExist=true</value>
    <description>JDBC connect string for a JDBC metastore</description>
  </property>
  <property>
    <name>javax.jdo.option.ConnectionDriverName</name>
    <value>com.mysql.jdbc.Driver</value>
    <description>Driver class name for a JDBC metastore</description>
  </property>
  <property>
    <name>javax.jdo.option.ConnectionUserName</name>
    <value>hive</value>
    <description>username to use against metastore database</description>
  </property>
  <property>
    <name>javax.jdo.option.ConnectionPassword</name>
    <value>123456</value>
    <description>password to use against metastore database</description>
  </property>
</configuration>
```

（8）上传 mysql-connector-java-5.1.34-bin.jar 到 node1 节点机的/home/hive/lib 目录下。

（9）修改/home/hive 下的文件属性，操作如下。

```
# chown -R hadoop:hadoop /home/hive
```

（10）把 hive 目录下的新版 jline 拷贝到 hadoop 目录下，操作如下。

```
# cp -a /home/hive/lib/jline-2.12.jar /home/hadoop/share/hadoop/yarn/lib
```

（11）以 hadoop 用户登录 node1 节点机，执行 hive，操作如下。

```
$ hive --service cli
hive> exit;
```

（12）报错处理。

① READ-COMMITTED 需要把 bin-log 以 mixed 方式来记录，命令如下。

```
$ mysql -uroot -p123456
mysql> set global binlog_format='MIXED';
```

② Hive 对 MySQL 的 UTF-8 编码方式有限制，命令如下。

```
mysql> alter database hive character set latin1;
```

③ 使用 Hive 分析日志作业很多的时候，需要修改 MySQL 的默认连接数，操作如下。

```
# vi /etc/my.cnf
```

在[mysqld]中添加如下内容。

```
max_connections=1000
```

8.2.3　子任务 3 Hive Client 的搭建

【任务内容】

通过 CLI、Client、Web UI 等 Hive 提供的用户接口来和 Hive 通信。但这三种方式最常用的是 CLI。Client 是 Hive 的客户端，用户连接至 Hive Server，在启动 Client 模式的时候，需要指出 Hive Server 所在节点，并且在该节点启动 Hive Server。WUI 是通过浏览器访问 Hive。本子任务完成 Hive Client 搭建和配置。

【实施步骤】

（1）以 hadoop 用户登录 node1 节点机，启动 hive metastore 服务，操作如下。

```
$ hive --service metastore &
```

（2）查看后台 Hive 进程，操作如下。

```
$ ps -eaf|grep hive
```

（3）登录 node2 或其他节点机，拷贝 Hive 软件到 node2 节点机，操作如下。

```
# scp -r node1:/home/hive /home/
```

（4）编辑配置文件 hive-site.xml，操作如下。

```
# vi /home/hive/conf/hive-site.xml
```

修改后的内容如下。

```
<?xml version="1.0"?>
<?xml-stylesheet type="text/xsl" href="configuration.xsl"?>
<configuration>
  <property>
```

```
    <name>hive.metastore.warehouse.dir</name>
    <value>/home/Hive/warehouse</value>
    <description>location of default database for the warehouse</description>
  </property>
  <property>
    <name>Hive.metastore.uris</name>
    <value>thrift://node1:9083</value>
  </property>
</configuration>
```

（5）修改/home/hive 下的文件属性，操作如下。

```
# chown -R hadoop:hadoop /home/hive
```

（6）登录 node2 节点机，修改 Hadoop 用户宿主目录的配置文件，操作如下。

```
# vi /home/hadoop/.bash_profile
```

修改内容：

```
PATH=$PATH:$HOME/bin:/home/hbase/bin:/home/hive/bin
```

添加内容：

```
export HIVE_HOME=/home/hive
export HADOOP_HOME=/home/hadoop
```

（7）把 Hive 目录下的新版 jline 拷贝到 Hadoop 目录下，操作如下。

```
cp -a /home/hive/lib/jline-2.12.jar /home/hadoop/share/hadoop/yarn/lib
```

（8）登录 node2 节点机，以 Hadoop 用户登录，执行 Hive，命令如下。

8.2.4　子任务 4 Hive 的基本操作

【任务内容】

本子任务完成 Hive 的基本操作：创建和删除表，导入数据，查询数据库数据等。

【实施步骤】

（1）显示数据库和表，命令如下。

```
hive> show databases;
hive> show tables;
```

（2）创建表。

① 创建单字段的表，命令如下。

```
hive> create table test(key string);
```

② 创建多字段的表，命令如下。

```
hive> create table tim_test(id int,name string) row format delimited fields terminated
by ',';
```

（3）在当前目录下新建文件，tim_test.txt 文件内容如下。

```
123,jie
456,xie
789,shi
```

（4）导入数据，命令如下。

```
hive> load data local inpath 'tim_test.txt' overwrite into table tim_test;
```

（5）使用查询语句 select 查看数据，命令如下。

```
hive> select * from tim_test;
```

```
OK
123      jie
456      xie
789      shi
Time taken: 0.733 seconds, Fetched: 3 row(s)
```

（6）验证数据。

① 查看 hdfs，验证录入数据是否成功，命令如下。

```
hive> dfs -ls /home/hive/warehouse;
```

② 查看 MySQL 数据库保存的原数据，命令如下。

```
mysql> use hive
mysql> select * from TBLS;
```

（7）使用 drop 语句删除表，命令如下。

```
hive> drop table if exists test;
```

8.2.5　子任务 5 Hive 内部表与外部表的操作

【任务内容】

本子任务完成 Hive 内部表和外部表的创建，删除，查询数据库数据等。

【实施步骤】

（1）内部表操作

① 以 hadoop 用户登录 node1 节点机，执行 Hive，操作如下。

```
$ hive
```

② 创建内部表，命令如下。

```
create table test_internal (
  id int,
  name string
)
row format delimited fields terminated by ',';
```

③ 导入数据，命令如下。

```
hive> load data local inpath 'tim_test.txt' into table test_internal;
```

④ 查询数据，命令如下。

```
hive> select * from test_internal;
```

⑤ 删除内部表，命令如下。

```
hive> drop table test_internal;
```

删除内部表，对应的文件也被删除。

（2）外部表操作

① 以 Hadoop 用户登录 node1 节点机，上传文件 tim_test.txt 到 hdfs 系统中，操作如下。

```
$ hdfs dfs -mkdir /home/hive/warehouse/test_ext
$ hdfs dfs -ls /home/hive/warehouse/
$ hdfs dfs -put tim_test.txt /home/hive/warehouse/test_ext
$ hdfs dfs -text /home/Hive/warehouse/test_ext/tim_test.txt
```

② 以 Hadoop 用户登录 node1 节点机，执行 Hive，操作如下。

```
$ hive
```

③ 创建外部表，命令如下。

```
create external table test_external (
  id int,
  name string
)
row format delimited
fields terminated by ','
location '/home/hive/warehouse/test_ext';
```

④ 查询数据，命令如下。

```
hive> select * from test_external;
```

再上传 tim_test_2.txt 到 hdfs 中的"/home/hive/warehouse/test_ext"目录下，查看结果。
tim_test_2.txt 的内容为

```
111,gd
222,sw
```

⑤ 删除外部表，命令如下。

```
hive> drop table test_external;
```

删除外部表，对应的文件并没有删除。

8.2.6　子任务 6 HWI 的使用

【任务内容】

HWI 是 Hive Web Interface 的简称，是 Hive CLI 的一个 web 替换方案。本子任务完成
HWI 的配置和使用。

【实施步骤】

（1）登录 node1 节点机，上传文件 apache-hive-1.2.1-src.tar.gz 到/root 目录下。

（2）Hive 的程序包没有附带 HWI 的 war 包，使用 Hive 的源码文件中的 hwi/web 目录下
的文件打包，操作如下。

```
# tar xvzf /root/apache-hive-1.2.1-src.tar.gz
# cd /root/apache-hive-1.2.1-src/hwi/web
# jar cvf /root/hive-hwi-1.2.1.war ./*
```

（3）复制 Hive-hwi-1.2.1.war，并修改文件用户属性，操作如下。

```
# cp /root/hive-hwi-1.2.1.war /home/hive/lib
# chown hadoop:hadoop /home/hive/lib/hive-hwi-1.2.1.war
```

（4）修改配置文件 Hive-site.xml，操作如下。

```
# vi /home/hive/conf/hive-site.xml
```

添加如下配置。

```
  <property>
    <name>hive.hwi.war.file</name>
    <value>lib/hive-hwi-1.2.1.war</value>
    <description>This sets the path to the HWI war file, relative to ${HIVE_HOME}.
</description>
  </property>
  <property>
    <name>hive.hwi.listen.host</name>
    <value>0.0.0.0</value>
    <description>This is the host address the Hive Web Interface will listen
on</description>
```

```
  </property>
  <property>
    <name>hive.hwi.listen.port</name>
    <value>9999</value>
    <description>This is the port the Hive Web Interface will listen on</description>
  </property>
```

（5）复制 tools.jar 到/home/hive/lib 目录下，操作如下。

```
# cp -a /usr/lib/jvm/java-1.7.0/lib/tools.jar /home/hive/lib
```

（6）以 Hadoop 用户登录 node1 节点机，执行 hwi 服务，操作如下。

```
$  hive --service hwi
```

（7）浏览 hwi 服务。

打开浏览器，输入"http://192.168.23.111:9999/hwi"，如图 8-6 所示。

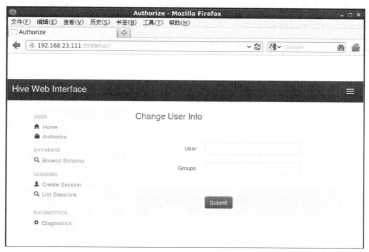

图 8-6　hwi 界面

（8）浏览 Schema。

单击"Browse Schema"，显示如图 8-7 所示。

图 8-7　表清单

8.2.7　子任务 7 Beeline 与 JDBC 编程

HiveServer 无法处理来自多个客户端的并发请求，Thrift 接口受到 HiverSerer 出口限制，无法通过修改代码解决。HiveServer2 通过重写的 HiveServer 解决这些问题。从 Hive 0.11.0 推荐使用 HiveServer2，HiveServer2 支持使用新的命令行工具 Beeline，JDBC 客户端也基于 SQLLine CLI。Beeline 很好支持内嵌模式和远程模式，内嵌模式类似于 Hive CLI，远程模式连接到 Thirft 上层的 HiveServer2 上。

【任务内容】

本子任务完成 Beeline 工具的使用，JDBC 编程，实现数据库表的删除、查询等。

【实施步骤】

（1）Beeline 命令的使用。

① 以 Hadoop 用户登录 node1 节点机，启动 HiveServer2 服务，操作如下。

```
$ hive --service hiveserver2 &
```

② 连接数据库，命令如下。

```
$ beeline
beeline> !connect jdbc:hive2://localhost:10000 hive 123456 org.apache.hive.
jdbc.HiveDriver
0: jdbc:hive2://localhost:10000>
```

③ 显示数据库，命令如下。

```
0: jdbc:hive2://localhost:10000> show databases;
```

④ 显示表，命令如下。

```
0: jdbc:hive2://localhost:10000> show tables;
```

⑤ 查询表，命令如下。

```
0: jdbc:hive2://localhost:10000> select * from test_external;
```

⑥ 查看帮助，命令如下。

```
0: jdbc:hive2://localhost:10000> ?;
0: jdbc:hive2://localhost:10000> help;
```

⑦ 退出，命令如下。

```
0: jdbc:hive2://localhost:10000> !quit
Closing: 0: jdbc:hive2://localhost:10000
```

（2）JDBC 编程。

① 启动 HiveServer2 服务，命令如下。

```
$ hive --service hiveserver2 &
```

② 创建表，命令如下。

```
hive> create table test(key string);
```

③ 编写删除表程序。

（a）编写 jdbc 程序删除 test 表，操作如下。

```
$ vi drop_test.java
```

drop_test.java 代码如下：

```java
import java.sql.SQLException;
import java.sql.Connection;
import java.sql.DriverManager;
import java.sql.Statement;
public class drop_test{
  private static String driverName = "org.apache.hive.jdbc.HiveDriver";
  private static String url = "jdbc:hive2://node1:10000/default";
  private static String user = "hive";
  private static String password = "123456";
  private static String sql = "DROP TABLE IF EXISTS test";
  public static void main(String[] args) throws SQLException {
    try {
      // Register driver and create driver instance
      Class.forName(driverName);
      // get connection
      Connection conn = DriverManager.getConnection(url, user, password);
      // create statement
      Statement stmt = conn.createStatement();
      // execute statement
      stmt.executeUpdate(sql);
      System.out.println("Drop table successful.");
      conn.close();
    } catch (Exception e) {
      e.printStackTrace();
    }
  }
}
```

（b）编译程序，操作如下。

```
$ javac drop_test.java
```

（c）编写脚本，操作如下。

```
$ vi drop_test.sh
```

脚本内容如下：

```bash
#!/bin/bash
HADOOP_HOME=/home/hadoop
HIVE_HOME=/home/hive
CLASSPATH=.:$HIVE_HOME/conf:$(hadoop classpath)
for i in ${HIVE_HOME}/lib/*.jar ; do
    CLASSPATH=$CLASSPATH:$i
done
java -cp $CLASSPATH drop_test
```

（d）运行脚本执行程序，操作如下。

```
$ sh drop_test.sh
```

④ 编写综合程序。

（a）编写 HiveJdbcClient.java 程序，操作如下。

```
$ vi HiveJdbcClient.java
```

HiveJdbcClient.java 代码如下。

```java
import java.sql.SQLException;
import java.sql.Connection;
import java.sql.ResultSet;
import java.sql.Statement;
import java.sql.DriverManager;
 public class HiveJdbcClient {
  private static String driverName = "org.apache.hive.jdbc.HiveDriver";
  private static String url = "jdbc:hive2://localhost:10000/default";
  private static String user = "hive";
  private static String passwd = "123456";
```

```
private static String sql = "";
private static ResultSet res;
public static void main(String[] args) throws SQLException {
  try {
    Class.forName(driverName);
  } catch (ClassNotFoundException e) {
    e.printStackTrace();
    System.exit(1);
  }
  Connection con = DriverManager.getConnection(url,user,passwd);
  Statement stmt = con.createStatement();
  String tableName = "testHiveDriverTable";
  stmt.execute("drop table if exists " + tableName);
  stmt.execute("create table " + tableName + " (key int, value string)");
  // show tables
  String sql = "show tables '" + tableName + "'";
  System.out.println("Running: " + sql);
  ResultSet res = stmt.executeQuery(sql);
  if (res.next()) {
    System.out.println(res.getString(1));
  }
  // describe table
  sql = "describe " + tableName;
  System.out.println("Running: " + sql);
  res = stmt.executeQuery(sql);
  while (res.next()) {
    System.out.println(res.getString(1) + "\t" + res.getString(2));
  }
  // load data into table
  // NOTE: filepath has to be local to the hive server
  // NOTE: /tmp/a.txt is a ctrl-A separated file with two fields per line
  String filepath = "/tmp/a.txt";
  sql = "load data local inpath '" + filepath + "' into table " + tableName;
  System.out.println("Running: " + sql);
  stmt.execute(sql);
  // select * query
  sql = "select * from " + tableName;
  System.out.println("Running: " + sql);
  res = stmt.executeQuery(sql);
  while (res.next()) {
    System.out.println(String.valueOf(res.getInt(1)) + "\t" + res.getString(2));
  }
  // regular hive query
  sql = "select count(1) from " + tableName;
  System.out.println("Running: " + sql);
  res = stmt.executeQuery(sql);
  while (res.next()) {
    System.out.println(res.getString(1));
  }
}
}
```

（b）编译程序，操作如下。

```
$ javac HiveJdbcClient.java
```

（c）编写脚本，操作如下。

```
$ vi HiveJdbcClient.sh
```

脚本内容如下。

```
#!/bin/bash
HADOOP_HOME=/home/hadoop
HIVE_HOME=/home/hive
echo -e '1\x01foo' > /tmp/a.txt
echo -e '2\x01bar' >> /tmp/a.txt
CLASSPATH=.:$HIVE_HOME/conf:$(hadoop classpath)
for i in ${HIVE_HOME}/lib/*.jar ; do
```

```
        CLASSPATH=$CLASSPATH:$i
done
java -cp $CLASSPATH HiveJdbcClient
```

（d）warehouse 增加写权限，操作如下。

```
$ hdfs dfs -chmod a+w /home/hive/warehouse
```

（e）运行脚本执行程序，操作如下。

```
$ sh HiveJdbcClient.sh
```

在运行过程中注意观察后台显示的信息。

8.2.8　子任务 8 Hive 与 HBase 集成

【任务内容】

Hive 可以将 SQL 语句转换为 MapReduce 任务进行运行，作为 SQL 到 MapReduce 的映射器，并提供 shell、JDBC/ODBC、Thrift、Web 等接口。HBase 能够利用 HDFS 的分布式处理模式，并从 Hadoop 的 MapReduce 程序模型中获益。Hive 与 HBase 相互集成后能更好地实现分布式大数据处理。本任务使用 Hive 和 HBase 技术实现分布式数据库的查询和使用。

【实施步骤】

（1）基本实例

① 创建 HBase 基本数据，操作如下。

以 Hbase 用户登录 node1 节点机，启动 Hbase shell，操作如下。

```
$ hbase shell
```

创建表和添加数据，命令如下：

```
$ hbase shell
hbase(main):001:0> create 'scores','grade','course'
hbase(main):002:0> put 'scores','lijie','grade:','153yun'
hbase(main):003:0> put 'scores','lijie','course:math','85'
hbase(main):004:0> put 'scores','lijie','course:python','78'
hbase(main):005:0> put 'scores','xie','grade:','163soft'
hbase(main):006:0> put 'scores','xie','course:math','86'
hbase(main):007:0> scan 'scores'
```

② 上传文件 hive-hbase-handler-1.2.1.jar。

由于 Hive1.x 保留兼容 HBase0.98.x 和更低版本，Hive 2.x 将兼容 HBase1.x 和更高版本，用户想使用 Hive1.x 处理 HBase1.x，需要重新编译 Hive1.x 流代码。

把已经编译好的 hive-hbase-handler-1.2.1.jar 替代 $HIVE_HOME/lib 目录下的文件。

③ 修改配置文件。

修改配置文件 hive-site.xml，操作如下。

```
$ vi /home/hive/conf/hive-site.xml
```

添加如下配置。

```
  <property>
  <name>hive.querylog.location</name>
  <value>/home/hive/logs</value>
 </property>
 <property>
  <name>hive.aux.jars.path</name>
  <value>file:///home/hive/lib/hive-hbase-handler-1.2.1.jar,
  file:///home/hive/lib/zookeeper-3.4.6.jar,
  file:///home/hive/lib/guava-14.0.1.jar,
```

```
  file:///home/hbase/lib/hbase-client-1.1.2.jar,
  file:///home/hbase/lib/hbase-common-1.1.2.jar
  </value>
 </property>
```

④ 启动 Hive。

（a）单节点启动，操作如下。

```
$ hive -hiveconf hbase.master=master:60000
```

（b）集群启动，节点机名称与 HBase 配置相同，操作如下。

```
$ hive -hiveconf hbase.zookeeper.quorum=node2,node3,node4
hive>
```

⑤ 创建外表，命令如下。

```
create external table hive_scores (
key string,
grade map<string,string>,
math string,
python string
)
stored by  'org.apache.hadoop.hive.hbase.HBaseStorageHandler'
with serdeproperties
("hbase.columns.mapping" =
":key,grade:,course:math,course:python")
tblproperties("hbase.table.name" = "scores");
```

⑥ 查询数据库表记录，命令如下。

```
hive> select * from hive_scores;
OK
lijie    {"":"153yun"}    85        78
xie      {"":"163soft"}   86        NULL
```

⑦ 如果步骤 4 集群启动不带参数，则需修改配置文件 hive-site.xml，增加以下内容。

```
 <property>
  <name>HBase.zookeeper.quorum</name>
  <value>node2,node3,node4</value>
  <description>The list of zookeeper servers to talk to. This is only needed for
read/write locks.</description>
 </property>
```

⑧ 启动 hiveserver2，命令如下。

```
$ hive --service hiveserver2 &
```

⑨ 使用 beeline 查询数据库表记录，命令如下。

```
$ beeline
Beeline version 1.2.1 by Apache Hive
beeline> !connect  jdbc:hive2://localhost:10000  hive  123456  org.apache.hive.
jdbc.HiveDriver
0: jdbc:Hive2://localhost:10000> select * from Hive_scores;
```

（2）拓展实例

① 创建 HBase 的表，命令如下。

```
create table hbase_table_1(key int, value string)
stored by 'org.apache.hadoop.hive.hbase.HBaseStorageHandler'
with serdeproperties ("hbase.columns.mapping" = ":key,cf1:val")
tblproperties ("hbase.table.name" = "xyz");
```

② 创建有分区的表，命令如下。

```
create table hbase_table_2(key int, value string)
partitioned by (day string)
stored by 'org.apache.hadoop.Hive.hbase.HBaseStorageHandler'
with serdeproperties ("hbase.columns.mapping" = ":key,cf1:val")
tblproperties ("hbase.table.name" = "xyz2");
```

Hive 不支持非本地表的修改。如果修改，则显示不能修改非本地表等错误提示。

③ 导入数据到关联 HBase 的表。

（a）在 Hive 中新建一张中间表，命令如下。

```
create table pokes(foo int,bar string)
row format delimited fields terminated by ',';
```

（b）批量导入数据，命令如下。

```
load data local inpath '/tmp/pokes.txt' overwrite into table pokes;
```

pokes.txt 的内容如下：

```
1,hello
2,pear
3,world
```

（c）导入数据到 HBase 表，命令如下。

```
hive> set hive.hbase.bulk=true;
hive> insert overwrite table hbase_table_1 select * from pokes;
```

（d）导入有分区的表，命令如下。

```
hive> insert overwrite table hbase_table_2  partition (day='2016-02-10')
select * from pokes;
```

（e）查看表，命令如下。

```
hive> select * from hbase_table_1;
```

与 HBase 整合的有分区的表存在个问题，select * from table 查询不到数据，select key,value from table 可以查到数据

④ Hive 连接 HBase 优化。

将 HBASE_HOME/conf 中的 hbase-site.xml 文件中增加配置，内容如下。

```
<property>
  <name>hbase.client.scanner.caching</name>
  <value>10000</value>
</property>
```

或者在执行 Hive 语句之前执行如下命令。

```
hive> set hbase.client.scanner.caching=10000;
```

练习题

1. 数据仓库研究和解决从数据库中获取信息的问题，其主要特征为_____、_____、_____和_____。

2. Hive 是一个_____的数据仓库，可以将其看作是_____，它本身不存储和计算数据，它依赖于_____和_____。

3. 简述 Hive 与 Hadoop 之间的关系。

4. Hive 中所有的数据都存储在_____中，包含的数据模型有_____、_____、_____和_____。

5. Hive 和普通关系型数据库在_____、_____、_____、_____和_____等方面上差异较大。

6. 如何使用 MySQL 创建数据库和表？

7. 在部署 Hive 时，需要修改的配置文件主要有_____和_____。

8. 如何使用 Hive 创建表？

9. 简述 Hive 内部表和外部表的区别。

10. 如何创建与 HBase 关联的外表？

11. 使用 beeline 工具实现数据库表的删除、查询等任务。

## PART 9

第 9 章
基于拓扑的流数据实时
计算系统——Storm

大数据处理有批处理和流处理两种模式。批处理模式下，数据源是静态的，使用这种处理模式的系统有 Hadoop、Disco、Spark 等。流处理模式下，数据源是动态的，使用这种处理模式的系统有 Storm、S4 等。通常地，批处理模式产生的中间结果会写入磁盘，而流处理模式产生的中间结果全部存入内存。读写磁盘会大大增加处理的延迟和处理的烦琐性，因此流处理模式相较于批处理模式，处理延迟更低，处理过程更加简单，更适合应用于实时计算。Storm 是一款典型的流处理模式下的大数据处理分析系统，与 Hadoop 等批处理系统相比，其在实时性、高效性、容错性、扩展性方面都表现出了明显的优势。

9.1　Storm 简介

BackType 公司（后被 Twitter 收购）前工程师内森玛耶兹在使用 Hadoop 过程中，因为不满意 Hadoop 系统的扩展性和其代码的烦琐性，以及其粗糙的容错处理机制，提出了一种支持实时流处理、扩展机制简单的编程模型 Topology，取名为 Storm。Storm 于 2011 年 9 月 19 日正式开源，实现 Storm 的语言为一种运行于 Java 平台的 LISP 方言——Clojure。Storm 是很有潜力的流处理系统，出现不久就在淘宝、百度、支付宝、Groupon、Facebook、Twitter 等平台上得到使用。第三方支付平台支付宝使用 Storm 来计算实时交易量、交易排行榜、用户注册量等，每天处理的信息超过 1 亿条，处理的日志文件超过 6TB。团购网站 Groupon 使用 Storm 对实时数据进行快速数据清洗、格式转换、数据分析。Twitter 使用它来处理 tweet（用户发送到 Twitter 上的信息）。

Storm 的 Topology 编程模型简单，在实际任务处理时却很实用。实际上 Topology 就是任务的逻辑规划，包含 Spout 和 Bolt 两类组件，Spout 组件负责读取数据，Bolt 组件负责任务处理。与 MapReduce 相比，它的任务粒度相对灵活，不只局限于 Mapreduce 中的 Map() 和 Reduce() 函数，用户可以根据任务需求编写自己的函数。同时，它不存储中间数据，组件与组件之间的数据传递通过消息传递的方式，对于很多不需要存储中间数据的应用来说，Topology 编程模型简化了处理过程，降低了处理延迟。

（1）Storm 具有很好的容错性、扩展性、可靠性和稳定性

Storm 使用 ZooKeeper（Hadoop 中的一个正式子项目，一种分布式协调工具）作为集群协调工具，当发现正在运行的 Topology 出错的时候，ZooKeeper 就会告诉 Nimbus（Storm 系统的主进程，负责分发任务等操作），然后 Nimbus 就重新分配并启动任务。在 Storm 中，Topology 被提交后，在没有被手动杀死之前，它都将一直处于运行状态。这些措施都是为

了保证该系统的容错性。Storm 采用三进程架构——Nimbus、Supervisor、ZooKeeper，无论是集群还是单机都只有这三个进程。当需要在集群中新加入节点的时候，只需要修改配置文件和运行 Supervisor 和 ZooKeeper 进程即可，扩展起来十分方便。另外，Storm 采用消息传递方式进行数据运算，数据传输的可靠性至关重要。Storm 系统中传递的消息，主节点都会根据消息产生到结束的过程生成一棵消息树。所以，消息从诞生到消亡的整个过程，它都会被跟踪。如果主节点发现某消息丢失，那么它就会重新处理该消息。正是因为有了容错性、可靠性的保障，该系统运行中体现出稳定性，不会出现轻易宕机、崩溃的现象。

（2）Storm 并行机制灵活

各个组件的并行数由用户根据任务的繁重程度自行设定，如果该组件处理的任务复杂度高，耗费时间多，那么并行数目的设置就偏大些；相反地，并行数目的设置则偏小些。这样，拓扑中的每个组件就能很好地配合，最大化地利用集群性能，提高任务处理效率。

（3）Storm 支持多种语言

Storm 内部实现语言是 Clojure，基于 Storm 开发的应用却可以使用几乎任何一种语言，而所需的只是连接到 Storm 的适配器。Storm 默认支持 Clojure、Java、Ruby 和 Python，并已经存在针对 Scala、JRuby、Perl 和 PHP 的适配器。更多的适配器将会随着应用的扩展变得更加的丰富。

9.2 Storm 原理及其体系结构

9.2.1 Storm 编程模型原理

Storm 编程模型采用的是生活中常见的并行处理任务方式——流水线作业方式。Storm 实现一个任务的完整拓扑如图 9-1 所示，在 Storm 中每实现一个任务，用户就需要构造一个这样的拓扑。该拓扑包含两类组件：Spout 和 Bolt。Spout 负责读取数据源，Bolt 负责任务处理。Storm 处理一个任务，往往会把该任务拆分为几部分，分别由不同的 Bolt 组件来实现。这是流水线作业中实现并行和提升任务处理效率采用的方法。

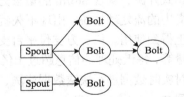

图 9-1 Storm 编程模型 Topology

比如，使用 Storm 处理单词统计的任务（WordCount），该任务的拓扑如图 9-2 所示。spout 组件负责读取要统计的数据源中的句子，split 组件负责将接收到的句子拆分成单个的单词，把这些单词发送至 count 组件，count 组件负责统计发送过来的单词出现的次数。

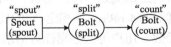

图 9-2 WordCount Topology

这样一个统计单词的任务就被拆分为三部分来操作，每部分可以根据任务的繁重程度来规划并行数目，各个组件的并行数没有明确规定。比如，可以设置 spout 并行数为 2，split 并行数为 8，count 并行数为 12，如图 9-3 所示。

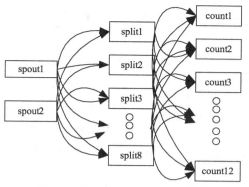

图 9-3　WordCount 并行工作模式

9.2.2　Storm 体系结构

Storm 中因为没有使用文件系统，相比于 Hadoop 的架构要简单得多。Storm 依然采用的是主从架构模式，即有一个主进程和多个从进程。除了这两个进程以外，还有在主进程与从进程之间进行协调的进程 ZooKeeper。Storm 的体系结构如图 9-4 所示。

由图 9.4 可知，Storm 由三类进程（Nimbus、ZooKeeper 和 Supervisor）组成，那么我们如何把 Storm 三类进程配置到集群上？主进程 Nimbus 任务负责分发任务和调度任务，在一个任务中只需要一个这种角色，所以 Nimbus 只需要配置到一个节点上；而从进程 Supervisor 是负责实际的任务处理，一个集群需要多个节点，每个节点配置多个从进程，才能最大限度地利用集群性能，因此需要将 Supervisor 配置到集群中的每个节点上。ZooKeeper 进程负责主进程与

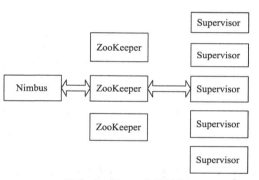

图 9-4　Storm 体系结构

从进程协调的任务，因此，ZooKeeper 也需要配置到集群中的每个节点上。

9.2.3　ZooKeeper 工作原理

ZooKeeper 的核心是原子广播，这个机制保证了各个 Server 之间的同步。实现这个机制的协议叫做 Zab 协议。Zab 协议有两种模式，它们分别是恢复模式（选主）和广播模式（同步）。当服务启动或者在领导者（Leader）崩溃后，Zab 就进入了恢复模式。当 Leader 被选举出来，且大多数 Server 完成了和 leader 的状态同步以后，恢复模式就结束了。状态同步保证了 leader 和 Server 具有相同的系统状态。每个 Server 在工作过程中有 3 种状态。

（1）Looking：当前 Server 不知道 leader 是谁，正在搜寻。

（2）Leading：当前 Server 即为选举出来的 leader。

（3）Following：leader 已经选举出来，当前 Server 与之同步。

ZooKeeper 中的角色主要有以下 3 类，如表 9-1 所示。

表 9-1　ZooKeeper 角色分析

角色		描述
领导者（Leader）		领导者负责进行投票的发起和决议，更新系统状态
学习者（Learner）	跟随者（Follower）	Follower 用于接收客户请求并向客户端返回结果，在选主过程中参与投票
	观察者（ObServer）	ObServer 可以接收客户端连接，将写请求转发给 leader 节点。但 ObServer 不参加投票过程，只同步 leader 的状态。ObServer 的目的是为了扩展系统，提高读取速度
客户端（Client）		请求发起方

ZooKeeper 系统模型如图 9-5 所示。

图 9-5　ZooKeeper 系统模型

9.3　任务一　搭建 Storm 开发环境

搭建 Storm 开发环境，首先需要安装 Storm 系统需要的依赖包，然后再安装 Storm 系统工具包。Storm 开发环境可以搭建在单机上，也可以搭建在集群上。本任务在 4 台节点机构建的集群上搭建 Storm 开发环境，该任务分成几个子任务来完成。

（1）环境要求

① 操作系统：CentOS-6.5-x86_64 系统。

② 集群配置：4 台节点机，IP：192.169.23.111~114（根据集群情况自行设置），节点主机名为：node1、node2、node3、node4。

（2）相关软件包

① 依赖软件包：Python、JDK、gcc-c++、uuid*、libtool、libuuid、libuuid-devel 等。

② 安装 Storm 所需工具包：ZooKeeper、ZeroMQ、JZMQ、Storm 等。

a. ZooKeeper：Hadoop 的正式子项目，是一个针对大型分布式系统的可靠协调系统。提供配置维护、名字服务、分布式同步、组服务等功能。ZooKeeper 的目标就是封装好复杂易出错的关键服务，将简单易用的接口和性能高效、功能稳定的系统提供给用户。

b. ZeroMQ：类似于 Socket 的一系列接口，ZeroMQ 与 Socket 的区别在于 Socket 是端到端的(1：1)的关系，而 ZeroMQ 是 $N：M$ 的关系，屏蔽细节使得网络编程更加简单。

c. JZMQ：针对 ZeroMQ 的 Java Binding。

d. Storm：Storm 系统主程序，本任务使用的 Storm 的版本号为 0.9.3。

9.3.1 子任务 1 系统环境设置

【任务内容】

本子任务完成 4 台节点机的系统环境设置，安全设置，配置 hosts，配置 IP 地址，检查网络是否连通，安装 JDK 软件包。

【实施步骤】

（1）关闭 NetworkManager 服务，操作如下。

```
# service NetworkManager stop
# chkconfig NetworkManager off
```

（2）配置每台节点机的 IP 地址，测试其连通性。

（3）为了方便操作，每台节点机都关闭系统防火墙，关闭 selinux，操作如下。

```
# service iptables stop
# chkconfig iptables off
# setenforce permissive
# vi /etc/selinux/config
```

将"/etc/selinux/config"配置文件中"SELINUX=enforcing"改为"SELINUX=disabled"。

（4）配置每台节点机的 hosts 文件，操作如下。

```
# vi /etc/hosts
```

内容如下。

```
127.0.0.1   localhost localhost.localdomain localhost4 localhost4.localdomain4
::1         localhost localhost.localdomain localhost6 localhost6.localdomain6
192.168.23.111 node1
192.168.23.112 node2
192.168.23.113 node3
192.168.23.114 node4
```

（5）在 node1 节点机安装 gcc、gcc-c++ 、make、cmake、openssl-devel、ncurses-devel、uuid、libuuid、libuuid-devel、libtool、jdk 等软件包，操作如下。

```
# yum -y install gcc gcc-c++ gcc-gfortran
# yum -y install cmake openssl-devel ncurses-devel
# yum -y install uuid uuidd libuuid libuuid-devel libtool libcurl-devel
# yum -y install java-1.7.0-openjdk java-1.7.0-openjdk-devel
```

在 node2、node3、node4 节点机安装 jdk 软件包，操作如下。

```
# yum -y install java-1.7.0-openjdk java-1.7.0-openjdk-devel
```

9.3.2 子任务 2 安装 Python 工具包

【任务内容】

Python 是一种面向对象、解释型计算机程序设计语言，由吉多·范罗苏姆于 1989 年发明，第一个公开发行版于 1991 年面世。由于 Python 语言简洁、易读以及可扩展，在国外用 Python 做科学计算的研究机构日益增多，一些知名大学已经采用 Python 教授程序设计课程。本子任务完成 Python 的安装。

【实施步骤】

（1）分别登录 node1、node2、node3、node4 安装 Python，操作如下。

```
# cd /media/CentOS_6.5_Final/Packages/
# rpm -ivh python-2.6.6-51.el6.x86_64.rpm
# rpm -ivh python-devel-2.6.6-51.el6.x86_64.rpm
```

（2）运行 Python，操作如下。

```
# python
```

显示结果如下，表示 Python 安装成功。

```
Python 2.6.6 (r266:84292, Nov 22 2013, 12:16:22)
[GCC 4.4.7 20120313 (Red Hat 4.4.7-4)] on linux2
Type "help", "copyright", "credits" or "license" for more information.
>>>
```

9.3.3 子任务 3 安装 ZeroMQ 和 JZMQ 工具包

【任务内容】

ZeroMQ 是一个简单好用的传输层，它使得 Socket 编程更加简单、简洁，且性能更高。ZeroMQ 是一个消息处理队列，可在多个线程、内核和主机盒之间弹性伸缩。JZMQ 是 ZeroMQ 的 Java 版本，通过 Java 本地接口（Java Native Interface，JNI）实现，以达到最高性能。本子任务完成 ZeroMQ 和 JZMQ 的配置、编译和安装。

【实施步骤】

（1）安装 ZeroMQ 软件包

① 上传软件包 zeromq-4.0.5.tar.gz 到 node1 节点机的/root 目录下。

② 解压、配置 ZeroMQ，操作如下。

```
# tar xvzf /root/zeromq-4.0.5.tar.gz
# cd /root/zeromq-4.0.5
# ./configure --prefix=/home/local/zeromq
```

③ 编译、安装 ZeroMQ，更新动态链接库，操作如下。

```
# make
# make install
# ldconfig
```

④ 编辑 profile 文件，操作如下。

```
# vi /etc/profile
```

添加内容如下。

```
export CPPFLAGS=-I/home/local/zeromq/include/
export LDFLAGS=-L/home/local/zeromq/lib/
```

⑤ 使环境变量生效，操作如下。

```
# source /etc/profile
```

（2）安装 JZMQ 软件包

① 上传软件包 jzmq-master.zip 到 node1 节点机的/root 目录下。

② 解压、配置 JZMQ，操作如下。

```
# unzip /root/jzmq-master.zip
# cd /root/jzmq-master
# ./autogen.sh
# ./configure --prefix=/home/local/jzmq
```

③ 编译、安装 JZMQ，操作如下。

```
# make
# make install
```

④ 编辑 profile 文件，操作如下。

```
# vi /etc/profile
```

添加内容如下。

```
export LD_LIBRARY_PATH=$LD_LIBRARY_PATH:/home/local/zeromq/lib/:
/home/local/jzmq/lib/
```

⑤ 使环境变量生效，操作如下。

```
# source /etc/profile
```

9.3.4 子任务 4 安装 ZooKeeper 工具包

【任务内容】

ZooKeeper 是一个开放源码的分布式应用程序协调服务，是 Google 的 Chubby 一个开源实现，是 Hadoop 和 Hbase 的重要组件。它是一个为分布式应用提供一致性服务的软件，提供的功能包括配置维护、名字服务、分布式同步、组服务等。ZooKeeper 的目标就是封装好复杂易出错的关键服务，将简单易用的接口和性能高效、功能稳定的系统提供给用户。本子任务完成 ZooKeeper 的配置和安装。

【实施步骤】

（1）上传软件包 zookeeper-3.4.6.tar.gz 到 node1 节点机的/root 目录下。

（2）解压安装软件包，操作如下。

```
# tar xvzf /root/zookeeper-3.4.6.tar.gz
# mv zookeeper-3.4.6 /home/local/zookeeper
```

（3）修改文件用户属性，操作如下。

```
# chown -R root:root /home/local/zookeeper/
```

（4）编辑 profile 文件，操作如下。

```
# vi /etc/profile
```

添加内容如下。

```
export ZOOKEEPER_HOME=/home/local/zookeeper
export PATH=$PATH:$ZOOKEEPER_HOME/bin
```

（5）使环境变量生效，操作如下。

```
# source /etc/profile
```

（6）修改 ZooKeeper 参数，操作如下。

```
# cd /home/local/zookeeper/conf
# mv zoo_sample.cfg zoo.cfg
# vi zoo.cfg
```

添加如下内容。

```
dataDir=/home/local/zookeeper/data
dataLogDir=/home/local/zookeeper/log
clientPort=2181
server.1=node1:2888:3888
server.2=node2:2888:3888
```

```
server.3=node3:2888:3888
server.4=node4:2888:3888
```

其中，dataDir 指定 ZooKeeper 的数据文件目录；server.id=host:port1:port2，ID 是为每个 ZooKeeper 节点的编号，保存在 dataDir 目录下的 myid 文件中，node1 ~ node4 表示各个 ZooKeeper 节点的 hostname，第一个 port（2888：代表集群内通信）是用于连接 leader 的端口，第二个 port（3888：代表集群外通信）是用于 leader 选举的端口。

修改 zoo.cfg 文件，启用日志自动清理功能，内容如下。

```
# The number of snapshots to retain in dataDir
autopurge.snapRetainCount=3
# Purge task interval in hours
# Set to "0" to disable auto purge feature
autopurge.purgeInterval=24
```

ZooKeeper 从 3.4.0 版本开始，提供了自动清理 snapshot 和事务日志的功能，通过配置 autopurge.snapRetainCount 和 autopurge.purgeInterval 这两个参数能够实现定时清理了。autopurge.purgeInterval 这个参数指定了清理频率，单位是小时，需要填写一个 1 或更大的整数，默认是 0，表示不开启自己清理功能。autopurge.snapRetainCount 这个参数和前面的参数搭配使用，这个参数指定了需要保留的文件数目，默认是保留 3 个。

（7）在$ZOOKEEPER_HOME 目录下新建两目录，操作如下。

```
# mkdir /home/local/zookeeper/{data,log}
```

（8）在$ZOOKEEPER_HOME/data 目录下创建一个文件 myid。根据 zoo.cfg 中的 server.id 中 id 的值修改 myid 的内容，node1 节点机的 myid 的内容为 1。

9.3.5 子任务 5 安装 Storm 工具包

【任务内容】

Storm 是由 BackType 开发的实时处理系统，Storm 可以方便地在一个计算机集群中编写与扩展复杂的实时计算，Storm 用于实时处理，就好比 Hadoop 用于批处理。Storm 保证每个消息都会得到处理，而且它很快——在一个小集群中，每秒可以处理数以百万计的消息。本子任务完成 Storm 的配置和安装。

【实施步骤】

（1）上传软件包 apache-storm-0.9.3.tar.gz 到 node1 节点机的/root 目录下。

（2）解压安装软件包，操作如下。

```
# tar xvzf /root/apache-storm-0.9.3.tar.gz
# mv apache-storm-0.9.3 /home/local/storm
```

（3）修改文件用户属性，操作如下。

```
# chown -R root:root /home/local/storm/
```

（4）编辑 profile 文件，操作如下。

```
# vi /etc/profile
```

添加内容如下。

```
export STORM_HOME=/home/local/storm
export PATH=$PATH:$STORM_HOME/bin
```

（5）使环境变量生效，操作如下。

```
# source /etc/profile
```

（6）修改 Storm 参数，操作如下。

```
# vi /home/local/storm/conf/storm.yaml
```

添加如下内容。

```
storm.zookeeper.servers:
    - "node1"
    - "node2"
    - "node3"
    - "node4"
nimbus.host: "node1"
storm.local.dir: "/home/local/storm/temp"
storm.zookeeper.port: 2181
supervisor.slots.ports:
 - 6700
 - 6701
 - 6702
 - 6703
```

注 意 　格式要求每一项的开始时要加空格，冒号后也必须要加空格。
supervisor.slots.ports 对于每一台工作机器指定在这台工作机器上运行多少工作进程，每个进程使用一个独立端口来接收消息，同时也指定使用哪些端口。

（7）在$STORM_HOME 目录下新建目录 temp，操作如下。

```
# mkdir /home/local/storm/temp
```

9.3.6　子任务 6　复制工具包

【任务内容】

Storm 开发环境需要多台节点机，每台节点机需要安全相同工具包。本子任务完成从 node1 节点机复制软件到其他节点机，修改环境变量和配置文件。

【实施步骤】

（1）将 node1 节点机"/home/local/"目录下文件复制到其他 3 台节点机上，操作如下。

```
# scp -r /home/local root@node2:/home/local
# scp -r /home/local root@node3:/home/local
# scp -r /home/local root@node4:/home/local
```

（2）分别登录 node2、node3 和 node4 节点机修改环境变量，参照如下操作。

```
# vi /etc/profile
```

添加如下内容。

```
export CPPFLAGS=-I/home/local/zeromq/include/
export LDFLAGS=-L/home/local/zeromq/lib/
export LD_LIBRARY_PATH=$LD_LIBRARY_PATH:/home/local/zeromq/lib/:
/home/local/jzmq/lib/
export ZOOKEEPER_HOME=/home/local/zookeeper
export STORM_HOME=/home/local/storm
export PATH=$PATH:$ZOOKEEPER_HOME/bin:$STORM_HOME/bin
```

使用环境变量生效。

```
# source /etc/profile
```

（3）分别登录 node1、node2、node3、node4 节点机，根据 zoo.cfg 中的 server.id 中 ID 的值分

别修改各节点机$ZOOKEEPER_HOME/data/myid 的内容。4 台节点机的 myid 的内容分别如下。

node1 节点机为 1，node2 节点机为 2，node3 节点机为 3，node4 节点机为 4

9.3.7　子任务 7 Storm 的启动

【任务内容】

Storm 后台进程被启动后，将在 Storm 安装部署目录下的 logs/子目录下生成各个进程的日志文件。Storm UI 必须和 Storm Nimbus 部署在同一台机器上，否则 UI 无法正常工作，因为 UI 进程会检查本机是否存在 Nimbus 链接。UI 进程是一个 Storm 系统的 Web 图形管理进程，UI 进程启动后可以通过浏览器查看 Storm 系统状态。本子任务完成 Strom 的启动和检测。

【实施步骤】

（1）启动 ZooKeeper 服务

分别登录 node1、node2、node3、node4，启动 ZooKeeper，ZooKeeper 会随机选择一个节点作为 leader，其他作为 follower。执行 zkServer.sh status 检查启动状态，操作如下。

```
# zkServer.sh start
# zkServer.sh status
```

（2）启动 Nimbus、Supervisor、UI

登录 node1 节点机，启动 Nimbus、Supervisor、UI 进程。在生产环境中主节点机一般不启动 Supervisor 进程，操作如下。

```
# storm nimbus &
# storm supervisor &
# storm ui &
```

分别登录 node2、node3、node4 节点机，启动 Supervisor 进程，操作如下。

```
# storm supervisor &
```

（3）浏览 Storm 运行状况

打开浏览器，在地址栏处输入"http://192.168.23.111:8080"，查看 Storm 的运行状况。如图 9-6 所示。

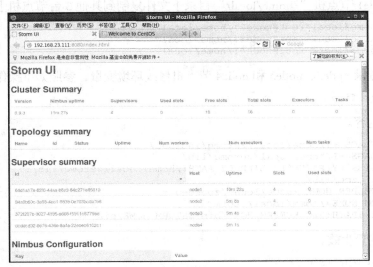

图 9-6　Storm 的 Web 监控界面

9.4 任务二 Storm 使用实例

为了让用户尽快掌握 Storm 的使用方法，Storm 的创始人 Nathan Marz 开发了一个让 Storm 用户快速入门的项目——storm-starter，这个项目里有很多适合初学者动手练习的 Topology 示例，如 ExclamationTopology、WordCountTopology、ReachTopology 等，storm-starter 项目 详情可登录 GitHub 官网进行查看。

使用 storm-starter 中的 Topology 之前，首先需要安装编译该项目的软件。编译 storm-starter 项目有两种方法，一种是使用 Leiningen，另一种是使用 Maven。Leiningen 是一个用于自动化 构建 clojure 项目的工具，而 Maven 是一个基于项目对象模型（POM）的项目管理工具，这两 种工具都可以用于项目管理。

9.4.1 子任务 1 安装 Maven 工具包

【任务内容】

Maven 是一个完全采用 Java 语言编写的开源项目管理工具。它通过项目对象模型（project object model，POM）来管理项目，所有的项目配置信息都被定义在一个叫做 pom.xml 的文件 中，通过该文件 Maven 可以管理项目的整个声明周期，包括编译、构建、测试、发布、报告 等。本子任务完成 Maven 的配置和安装。

【实施步骤】

（1）上传软件包 apache-maven-3.2.5-bin.tar.gz 到 node1 节点机的/root 目录下。

（2）解压安装软件包，操作如下。

```
# tar xvzf /root/pache-maven-3.2.5-bin.tar.gz
# mv pache-maven-3.2.5 /usr/local/maven
```

（3）编辑 profile 文件，操作如下。

```
# vi /etc/profile
```

添加内容如下。

```
export M2_HOME=/usr/local/maven
export M2=$M2_HOME/bin
export MAVEN_OPTS="-Xms256m -Xmx512m"
export PATH="$M2:$PATH"
```

（4）使环境变量生效，并检查 Maven 版本，操作如下。

```
# source /etc/profile
# mvn -version
```

（5）修改 Maven 配置文件，操作如下。

```
# vi /usr/local/maven/conf/settings.xml
```

在<mirrors></mirrors>内添加如下内容，其他的不需改动。

```
<mirror>
<id>nexus-osc</id>
<mirrorOf>*</mirrorOf>
<name>Nexusosc</name>
<url>http://maven.oschina.net/content/groups/public/</url>
</mirror>
```

在<profiles></profiles>内添加如下内容。

```
<profile>
<id>jdk-1.7</id>
<activation>
<jdk>1.7</jdk>
</activation>
<repositories>
<repository>
<id>nexus</id>
<name>local private nexus</name>
<url>http://maven.oschina.net/content/groups/public/</url>
<releases>
<enabled>true</enabled>
</releases>
<snapshots>
<enabled>false</enabled>
</snapshots>
</repository>
</repositories>
<pluginRepositories>
<pluginRepository>
<id>nexus</id>
<name>local private nexus</name>
<url>http://maven.oschina.net/content/groups/public/</url>
<releases>
<enabled>true</enabled>
</releases>
<snapshots>
<enabled>false</enabled>
</snapshots>
</pluginRepository>
</pluginRepositories>
</profile>
```

9.4.2　子任务 2 使用 Maven 管理 storm-starter

【任务内容】

使用 Maven 对 storm-starter 项目进行打包及运行，并通过完成该任务了解 Storm 的工作流程和熟知 StormUI 管理。本子任务使用 Maven 管理 storm-starter。

【实施步骤】

（1）进入 storm-starter 目录，操作如下。

```
# cd /home/local/storm/examples/storm-starter/
```

（2）使用 Maven 将项目打包，操作如下。

```
# mvn package
```

打包完成后，在 storm-starter 目录下多出一个 target 目录，并且在 target 目录中生成两个 jar 文件 storm-starter-0.9.3.jar 和 storm-starter-0.9.3-jar-with-dependencies.jar。

（3）提交运行，操作如下。

```
# cd /home/local/storm/examples/storm-starter/ target
# storm jar storm-starter-0.9.3-jar-with-dependencies. jar \
storm.starter.WordCountTopology wordcountTop
```

（4）打开浏览器，输入 IP 地址，可以在浏览器页面看到提交的 wordcountTop，如图 9-7所示。

Storm 提交 Topology 命令格式如下。

```
storm jar all-my-code.jar backtype.storm.MyTopology arg1
```

all-my-code.jar 为要提交的 jar 包名，backtype.storm.MyTopology 为要执行的该 jar 包中的

Topology 名，arg1 表示要为提交的 Topology 取的运行后的名字，如果为空它会使用该 Topology 的默认名。

以上提交的 Topology 表示 storm-starter 中的 WordCountTopology，它运行后的名字为 wordcountTop。

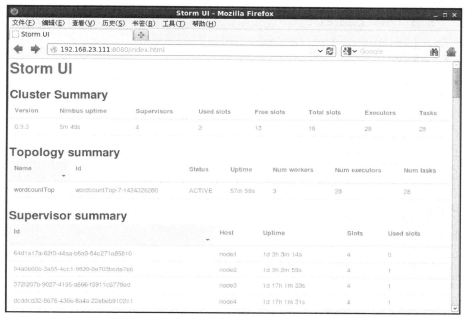

图 9-7　启动 wordcountTop

9.4.3　子任务 3 WordCountTopology 实例分析

WordCountTopology 是 Storm 的典型使用案例，体现出 Storm 对数据流进行实时处理的特性，其设计模型和工作过程在本章 9.2.1 节进行了讲解。本节将详细分析 WordCountTopology 的编码，使大家对 Storm 的运行过程有深入的了解，进而可以开始编写自己的 Topology。

WordCountTopology 的主要代码段如下。

```
TopologyBuilder builder = new TopologyBuilder();//创建一个TopologyBuilder对象builder
用于建造wordcount拓扑
/* 设置一个 Spout 组件，用于随机读取流式数据，组件的名称为 spout，组件完成任务的功能类为
RandomSentenceSpout()，组件的并行数为5*/
builder.setSpout("spout", new RandomSentenceSpout(), 5);
/*设置Bolt组件，用于对读取的句子进行切分，组件的并行数为8*/
builder.setBolt("split", new SplitSentence(), 8)
     .shuffleGrouping("spout");//设置接收消息的分组方式为随机分组，接收消息来源于 Spout
组件
/*设置Bolt组件，用于对切分后的单词进行统计，组件的并行数为12*/
builder.setBolt("count", new WordCount(), 12)
     .fieldsGrouping("split", new Fields("word"));//设置接收消息的分组方式为字段分组
```

首先，构造一个 Topology 需要一个 TopologyBuilder 类，设置好一个 TopologyBuilder 对象后就可以开始构建 Topology。Topology 中包含两类组件：Spout 和 Bolt，分别使用 setSpout() 和 setBolt() 方法设置，这两个函数的参数相同，均包含组件名、组件完成任务的类和该组件的并行任务数目。

在 WordCountTopology 中，Spout 组件的主要类为 RandomSentenceSpout()，该类继承于 Spout 基类 BaseRichSpout 类，RandomSentenceSpout 类实现代码如下。

```
public class RandomSentenceSpout extends BaseRichSpout {
    SpoutOutputCollector _collector;//成员变量1, SpoutOutputCollector 类型, 用于发送消息
    Random _rand;                    //成员变量2, Random 类型, 用于生成随机数
    @Override
    //spout 组件初始化
    public void open(Map conf, TopologyContext context, SpoutOutputCollector
collector) {
        _collector = collector;
        _rand = new Random();
    }
    @Override
    //读入数据流
    public void nextTuple() {
        Utils.sleep(100);                        //睡眠 100 毫秒
        String[] sentences = new String[] {
            "the cow jumped over the moon",
            "an apple a day keeps the doctor away",
            "four score and seven years ago",
            "snow white and the seven dwarfs",
            "i am at two with nature"};          //定义一个存放了 5 个字符串的 String 数组
        String sentence = sentences[_rand.nextInt(sentences.length)];//随机从数组中读
取一个字符串
        _collector.emit(new Values(sentence)); //发送该字符串
    }
    @Override
    //用于保证发送的消息被完整的处理
    public void ack(Object id) {
    }
    @Override
    //当消息没有被完整处理时, 决定如何处理这条消息
    public void fail(Object id) {
    }
    @Override
    //定义该组件发送的消息域名
    public void declareOutputFields(OutputFieldsDeclarer declarer) {
        declarer.declare(new Fields("word"));
    }
}
```

以上代码包含 5 个方法, 其中最重要方法是 netTuple(), 该函数用来决定如何读入数据流。该方法中实现的主要功能是每隔 100 毫秒随机地从存放 5 条句子的 String 数组中取一条数据, 并发送出去。WordCountTopology 的 Bolt 组件包含 split 和 count。实现 splilt 组件功能的类为 SplitSentence(), 实现代码如下:

```
public static class SplitSentence extends ShellBolt implements IRichBolt {
    public SplitSentence() {
        super("python", "splitsentence.py");//使用父类构造函数, 表明该方法使用 Python
语言实现, 实现文件名为 splitsentence.py
    }
    @Override
    //定义消息输出域名
    public void declareOutputFields(OutputFieldsDeclarer declarer) {
        declarer.declare(new Fields("word"));
    }
    @Override
    //获取组件配置信息
    public Map<String, Object> getComponentConfiguration() {
        return null;
    }
}
```

该类演示了使用第三方语言实现组件的方法, 当前 Storm 已经支持的第三方语言适配器为 Python 和 Ruby。我们可以通过查看 Javadoc 中的 ShellBolt 说明来了解如何通过 Java API 来使用第三方语言实现组件功能。splitsentence.py 实现代码如下。

```
import storm
class SplitSentenceBolt(storm.BasicBolt):
    def process(self, tup):                  //定义一个将字符串切分为单词的函数
        words = tup.values[0].split(" ")    //以空格为划分切分字符串
```

```
        for word in words:                  //遍历存放单词的元组
            storm.emit([word])              //将单词发送出去

    SplitSentenceBolt().run()
```

下面讲解如何实现 count 组件。count 组件功能类为 WordCount，它继承 Storm 实现 Bolt
基类 BaseBasicBolt，其实现代码如下。

```
public static class WordCount extends BaseBasicBolt {
    Map<String, Integer> counts = new HashMap<String, Integer>();
                         //定义一个 Map<String,Integer>类型变量用来保存中间结果
    @Override
//Bolt 组件中的主要执行方法，它的原型来自于父类 BaseBasicBolt，实现内容由我们自己完成
    public void execute(Tuple tuple, BasicOutputCollector collector) {
        String word = tuple.getString(0);    //获取接收到的数据队列中的第一个单词
        Integer count = counts.get(word);    //从 counts 中获取该单词的 value 值
        if(count==null) count = 0;
                     //如果为空，则表示这个单词第一次到来，设置 value 值为 0
        count++;//在原基础上加 1
        counts.put(word, count);                      //更新 counts 变量
        collector.emit(new Values(word, count));     //将当前单词统计数据发送出去
    }
    @Override
    //定义该组件域
    public void declareOutputFields(OutputFieldsDeclarer declarer) {
        declarer.declare(new Fields("word", "count"));
    }
}
```

在 count 组件实现中，通过维持一个中间变量 count 来保存中间数据，每次更新完<word,
count>键值对都会实时发送数据，我们可以非常及时地了解当前单词出现的次数。

组件与组件之间通过消息传递的方式交互数据，数据传递的方式在 setSpout()和 setBot()
方法后面进行设置。setSpout()和 setBolt()返回值类型为 BoltDeclarer 类，该类定义了设置该组
件接收消息的以下 6 种方法。

（1）随机分组（shuffleGrouping）：随机分发元组到 bolt 的任务，保证每个任务获得相等
数量的元组（数据项目组成的列表）。

（2）字段分组（fieldsGrouping）：根据指定字段分割数据流，并分组。例如，根据"word"
分组，相同"word"的元组总是分发到同一个任务，不同"word"元组可能分发到不同任务。

（3）全部分组（allGrouping）：元组被复制到 bolt 的所有任务。

（4）全局分组（globalGrouping）：全部流都被分到 bolt 的同一个任务，实际中往往是被分
配到 ID 最小的任务。

（5）无分组（noneGrouping）：不需要关心流如何分组。现在的无分组方式等同于随机分
组方式。

（6）直接分组（directGrouping）：元组生产者决定元组由哪个元组消费者接收。

本节的 WordCountTopology 中 split 组件接收消息的方式设置为随机分组，count 组件接
收消息的方式设置为字段分组，字段域名即 split 组件中声明的"word"，即表示接收该组件中
的数据。

另外，该 Topology 中所有的数据都在内存中，我们如果想看到数据，可以通过把 count
组件最后发送的数据写入文件，这样我们就可以在文件中查看这些实时结果。

练习题

1. Storm 的三进程架构包括_____、_____和_____。

2. 在 Storm 中每实现一个任务，用户需要构造包含_____、_____组件的拓扑。

3. ZooKeeper 的核心是_____，这个机制保证了_____的同步，其角色主要有_____、_____和_____ 3 类。

4. 简述 Storm 的工作原理。

5. 部署 Storm 时需要先安装_____、_____、_____和_____等工具包。

6. 动手搭建 Storm 开发环境。

7. 动手使用 Maven 软件管理 Storm-Starter 项目。

8. BoltDeclarer 类定义了设置组件接收消息的方法有_____、_____、_____、_____、_____和_____。

第 10 章
云存储系统——Swift

云存储是云计算技术的重要组成部分，是云计算的重要应用之一。在云计算技术发展过程中，伴随着数据存储技术的云化发展历程。任何一项新技术的出现与发展，都有着与其密不可分的、推动其向前的背景技术。云存储技术的发展，同样源于集群技术、网络技术、分布式存储技术、虚拟化存储技术的发展。

随着互联网技术的不断提升，宽带网络建设速度的加快，大容量数据传输技术的实现和普及，传统的基于 PC 的存储技术将逐渐被云存储技术所取代。

10.1　云存储概述

10.1.1　什么是云存储

云存储迄今为止还没有一个标准的定义，它是伴随云计算衍生出来的，是一种新兴的网络存储技术。云存储是云计算技术的重要组成部分，同时也是云计算重要应用之一。目前，业界对云存储已达成共识，即云存储不仅是数据信息存储的新技术、新设备模型，也是一种服务的创新模型。云存储是通过网络技术、分布式文件系统、服务器虚拟化、集群应用等技术将网络中海量的异构存储设备构成可弹性扩展、低成本、低能耗的共享存储资源池，并提供数据存储访问、处理功能的系统服务。

当云计算系统运算和处理的核心是大量数据的存储和管理时，云计算系统中就需要配置大量的存储设备，那么云计算系统就转变成为一个云存储系统。所以，从另一个角度来讲，云存储实际上也是一个以数据存储和管理为核心的云计算系统。简单来说，云存储就是将储存资源放到云上供人存取的一种新兴方案。使用者可以在任何时间、任何地方，透过任何可连网的装置连接到云上方便地存取数据。

云存储在服务架构方面，包含了云计算三层服务架构的技术体系。云存储服务在 IaaS 层为用户提供了数据存储、归档、备份的服务，在 PaaS 层为用户提供各种不同的类型文件及数据库服务。作为云存储在 SaaS 层的使用，涉及的内容相当丰富和广泛，如我们熟悉的云盘、照片及文档的保存与共享、在线音视频、在线游戏等。

10.1.2　云存储的分类

云存储可分为公共云存储、内部云存储和混合云存储三类，具体内容表述如下。

1．公共云存储

像亚马逊公司的 Simple Storage Service（S3）和 Nutanix 公司提供的存储服务一样，它们可以低成本提供大量的文件存储。供应商可以保持每个客户的存储、应用都是独立的，私有的。其中以 Dropbox 为代表的个人云存储服务是公共云存储发展较为突出的代表，国内比较突出的代表的有搜狐企业网盘、百度云盘、360 云盘、115 网盘、华为网盘、腾讯微云等。

公共云存储可以划出一部分用作私有云存储。一个公司可以拥有或控制基础架构以及应用的部署，私有云存储可以部署在企业数据中心或相同地点的设施上。私有云可以由公司自己的 IT 部门管理，也可以由服务供应商管理。

2．内部云存储

这种云存储和私有云存储比较类似，唯一的不同点是它仍然位于企业防火墙内部。目前了解到可提供私有云的平台主要有 Eucalyptus、3A Cloud、minicloud 安全办公私有云、联想网盘等。

3．混合云存储

这种云存储把公共云和内部云/私有云结合在一起。主要用于按客户要求的访问，特别是需要临时配置容量的时候。从公共云上划出一部分容量配置一种内部云/私有云可以帮助公司面对迅速增长的负载波动或高峰。尽管如此，混合云存储带来了跨公共云和私有云分配应用的复杂性。

10.1.3　云存储的特点

1．低成本

云存储最大的特点就是可以为中小企业降低成本，降低企业因需要服务器存储数据而专门购买昂贵的硬件和软件成本。与此同时，企业还节省了一大笔劳务开销，如聘请专业的 IT 人士来管理、维护和更新这些硬件和软件。

我们这里介绍的云存储通常指的是通过大量的普通廉价主机构建成集群，它可以是跨地域的多个数据中心，其可靠性和高性能大多是采用软件架构的方式来保障。与传统存储系统中的故障恢复机制不同，云存储的容灾机制在一开始就包含在架构体系设计和每一个开发环节中，且快速更换单位不是单个 CPU、内存等硬件而是一个存储主机。当某个节点的硬件出现故障时，只需将故障节点替换成新的节点，数据就能自动恢复到新的节点上。

2．服务模式

实际上云存储不仅仅只是一个采用集群式的分布式架构，它还是一个通过硬件和软件虚拟化而提供的一种存储服务，其亮点之一就是按需使用、按量付费。企业或个人只需购买相应的服务就可把数据存储到云计算数据中心，而无需去购买并部署这些硬件设备来完成数据的存储。

3．可动态伸缩性

存储系统的动态伸缩性主要指的是读/写性能和存储容量的扩展与缩减。一个设计良好的云存储系统可以在系统运行过程中简单地通过添加或移除节点来自由扩展和缩减，并且这些操作对用户来说都是透明的。

4．高可靠性

云存储系统是以实际失效数据分析和建立统计模型着手，寻找软硬件失效规律，根据不间断的服务需求设计多种冗余编码模式，并据此在系统中构建具有不同容错能力、存取和重构性能等特性的功能区。通过负载、数据集和设备在功能区之间自动匹配和流动，实现系统内数据的最优布局，并在站点之间提供全局精简配置和公用网络数据及带宽复用等高效容灾机制，从而提高系统的整体运行效率，满足高可靠性要求。

5．高可用性

云存储方案中包括多路径、控制器、不同光纤网、端到端的架构控制/监控和成熟的变更管理过程，从而大大提高了云存储的可用性。此外，还可以在满足 CAP 理论下，适当放松对数据一致性的要求来提高数据的可用性。

6．超大容量存储

云存储可以支持数十 PB 级的存储容量和高效地管理上百亿个文件，同时还具有很好的线性可扩展性。

7．安全性

从云计算诞生，安全性一直是企业实施云计算首要考虑的问题之一，同样在云存储方面，安全性仍是首要考虑的问题。所有云存储服务间传输以及保存的数据都有被截取或篡改的隐患，因此也需要采用加密技术来限制对数据的访问。另外，云存储系统还采用数据分片混淆存储作为实现用户数据私密性的一种方案。细心的用户可以发现，云存储数据中心比传统的数据中心具有更少的安全漏洞和更高的数据安全性。

10.1.4　存储系统类别

不同类型的数据具有不同的访问模式，需要使用不同类型的存储系统。总体来讲有 3 类存储系统：块存储系统、文件存储系统和对象存储系统。

1．块存储系统

块存储系统指的是能直接访问原始的未格式化的磁盘。这种存储的特点是速度快，空间使用率高。块存储多用于数据库系统，它可以使用未格式化的磁盘对结构化数据进行高效读写。而数据库最适合存放的是结构化数据。

2．文件存储系统

文件存储是最常用的存储系统。使用格式化的磁盘为用户提供文件系统的使用界面。当你在计算机上打开和关闭文档的时候，所看到的就是文件系统。尽管文件系统在磁盘上提供了一层有用的抽象，但是它不适合于管理大量的数据，或者超量使用文件中的部分数据。

3．对象存储系统

对象存储指的是一种基于对象的存储设备，具备智能、自我管理能力，通过 Web 服务协议实现对象的读写和存储资源的访问。它只提供对整个对象（Object）的访问，简单来说就是通过特定的 API 对其进行访问。对象存储的优势在于它可以存放无限增长的内容，最适合用来存储包含文档、备份、图片、Web 页面、视频等非结构化或半结构化的数据。除此之外，对象存储还具有低成本、高可靠的优点。

10.1.5　CAP 理论

2000 年，埃里克·布鲁尔教授提出了著名的 CAP（Consistency, Availability, Partition Tolerance）理论，后来塞思·吉尔伯特和南希·林奇两人证明了 CAP 理论的正确性。CAP 指出，一个分布式系统不可能同时能满足一致性（Consistency）、可用性（Availability）和分区容错性（Partion Tolerance）这 3 个要求，最多同时满足其中 2 个。

按照埃里克·布鲁尔的 CAP 理论，无法同时满足 3 个方面，Swift 放弃严格一致性（满足 ACID 事务级别），而采用最终一致性模型（Eventual Consistency），来达到高可用性和无限水平扩展能力。为了实现这一目标，Swift 采用 Quorum 仲裁协议（Quorum 有法定投票人数的含义）。

（1）定义：N——数据的副本总数，W——写操作被确认接受的副本数量，R——读操作的副本数量。

（2）强一致性：$R+W>N$，以保证对副本的读写操作会产生交集，从而保证可以读取到最新版本；如果 $W=N$，$R=1$，则需要全部更新，适合大量读、少量写操作场景下的强一致性；如果 $R=N$，$W=1$，则只更新一个副本，通过读取全部副本来得到最新版本，适合大量写、少量读场景下的强一致性。

（3）弱一致性：$R+W<=N$，如果读写操作的副本集合不产生交集，就可能会读到脏数据；适合对一致性要求比较低的场景。

Swift 针对的是读写都比较频繁的场景，所以采用了比较折中的策略，即写操作需要满足至少一半以上成功 $W>N/2$，再保证读操作与写操作的副本集合至少产生一个交集，即 $R+W>N$。Swift 默认配置是 $N=3$，$W=2>N/2$，$R=1$ 或 2，即每个对象会存在 3 个副本，这些副本会尽量被存储在不同区域的节点上；$W=2$ 表示至少需要更新 2 个副本才算写成功；当 $R=1$ 时意味着某一个读操作成功便立刻返回，此种情况下可能会读取到旧版本（弱一致性模型）；当 $R=2$ 时，需要通过在读操作请求头中增加 x-newest=true 参数来同时读取 2 个副本的元数据信息，然后比较时间戳来确定哪个是最新版本（强一致性模型）；如果数据出现了不一致，后台服务进程会在一定时间窗口内通过检测和复制协议来完成数据同步，从而保证达到最终一致性。

Swift 存储系统的目的是为处理大量非结构化数据的应用服务，根据应用的需求，Swift 只提供"最终一致性"，而不是"强一致性"。按照 CAP 理论，Swift 牺牲了一致性，从而提高了可用性和分区容错性。

10.2　Swift 简介

10.2.1　Swift 的发展历程

Swift 是 OpenStack 开源云计算项目的子项目之一，被称为对象存储，其提供了强大的扩展性、冗余性和持久性。RackSpace（全球三大云计算中心之一）的开发者和工程师在 2009 年针对快速增长的数据开始对 Swift 进行研发，于 2010 年开发出了一个可以替代原有存储系统的对象存储系统。Swift 的目标是创建一个类似于 Amazon 的 S3（Simple Storage Service）的可以运行在云计算环境下的简单存储系统，能够存储 PB 级的数据且高度可用。同年 7 月，RackSpace 将 Swift 贡献给 OpenStack 开源社区作为其最初的核心子项目之一，为其 Nova 子项目提供虚机镜像存储服务。至此，Swift 成为了一个开源的超量存储系统。

10.2.2　Swift 的特性

Swift 是一个可以存放大量非结构化数据的、支持多租户的、可以高扩展的持久性对象存储系统。Swift 通过 REST API 来存放、检索和删除容器中的对象。开发者可以直接通过 Swift API 使用 Swift 服务，也可以通过多种语言的客户库程序中的任何一个进行使用，例如 Java、Python、PHP 和 C#。

它与传统的存储系统不同，Swift 采用的是"数据最终一致"的设计思想。这种设计使得 Swift 可以支持极大数量的并发连接和超量的数据集合。Swift 使用普通服务器来构建强大的具有扩展性、冗余性和持久性的分布式对象存储集群，存储容量可达 PB 级。Swift 支持横向扩展，且没有单点故障，由于是完全对称的系统架构，极大地降低了系统维护成本。此外，Swift 还可以通过互联网直接使用，同时为多个应用提供数据存储服务，这样的方式非常有利于开发者专注于应用的开发，同时 Swift 在管理上也相当出色。

10.2.3　Swift 工作原理

面对海量级别的对象，需要存放在成千上万台服务器和硬盘设备上，首先要解决寻址问题，即如何将对象分布到这些设备地址上。Swift 是基于一致性散列技术（Consistent Hashing），通过计算可将对象均匀分布到虚拟空间的虚节点上，在增加或删除节点时可大大减少需移动的数据量；虚拟空间大小通常采用 2 的 n 次幂，便于进行高效的移位操作；然后通过独特的数据结构 Ring（环）再将虚节点映射到实际的物理存储设备上，完成寻址过程。

如图 10-1 所示，以逆时针方向递增的散列空间有 4 个字节长共 32 位，整数范围是 $[0\sim 2^{32}-1]$；将散列结果右移 m 位，可产生 2^{32-m} 个虚节点，例如 $m=29$ 时可产生 8 个虚节点。在实际部署的时候需要经过仔细计算得到合适的虚节点数，以达到存储空间和工作负载之间的平衡。

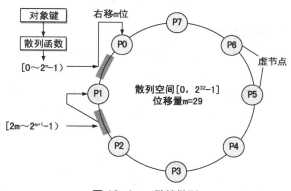

图 10-1　一致性散列

10.2.4　环的数据结构

Swift 存储系统工作原理的核心是虚节点（Partition Space）和环（Ring）。虚节点把整个集群的存储空间划分成几百万个存储点，而环把虚节点映射到磁盘上的物理存储点。

环是为了将虚节点（分区）映射到一组物理存储设备上，并提供一定的冗余度而设计的，其数据结构由以下信息组成。

（1）存储设备列表、设备信息包括唯一标识号（id）、区域号（zone）、权重（weight）、IP 地址（ip）、端口（port）、设备名称（device）、元数据（meta）。

（2）分区到设备映射关系（replica2part2dev_id 数组）。

（3）计算分区号的位移（part_shift 整数，即图 10-1 中的 m）。

使用对象的层次结构 account/container/object 作为键，使用 MD5 散列算法得到一个散列值，对该散列值的前 4 个字节进行右移操作得到分区索引号，移动位数由上面的 part_shift 设置指定。按照分区索引号在分区到设备映射表（replica2part2dev_id）里查找该对象所在分区的对应的所有设备编号，这些设备会被尽量选择部署在不同区域（Zone）内。区域只是个抽象概念，它可以是某台机器，某个机架，甚至某个建筑内的机群，以提供最高级别的冗余性，建议至少部署 5 个区域。权重参数是个相对值，可以来根据磁盘的大小来调节，权重越大表示可分配的空间越多，可部署更多的分区。Swift 为账户、容器和对象分别定义了的环，查找账户和容器是同样的过程，如图 10-2 所示。

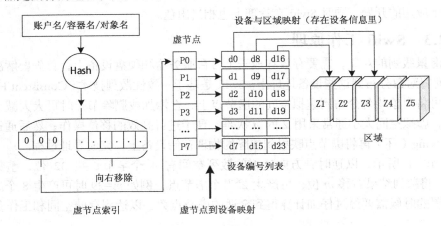

图 10-2 环的数据结构

10.2.5 Swift 的系统架构

Swift 采用层次数据模型，共设三层逻辑结构：Account/Container/Object（即账户/容器/对象)，每层节点数均没有限制，可以任意扩展。这里的账户和个人账户不是一个概念，可理解为租户，用来做顶层的隔离机制，可以被评多个人账户所共同使用；容器代表封装一组对象，类似文件夹或目录；对象由元数据和内容两部分组成，如图 10-3 所示。

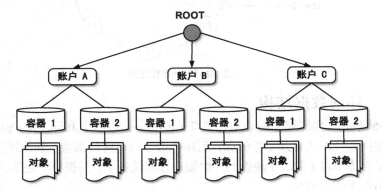

图 10-3 Swift 数据模型

Swift 采用完全对称、面向资源的分布式系统架构设计，所有组件都可扩展，避免因单点失效而扩散并影响整个系统运转。通信方式采用非阻塞式 I/O 模式，提高了系统吞吐和响应能力，如图 10-4 所示。

Swift 组件包括以下内容。

（1）代理服务（Proxy Server）：对外提供对象服务 API，会根据环的信息来查找服务地址并转发用户请求至相应的账户、容器或者对象服务。由于采用无状态的 REST 请求协议，可以进行横向扩展来均衡负载。

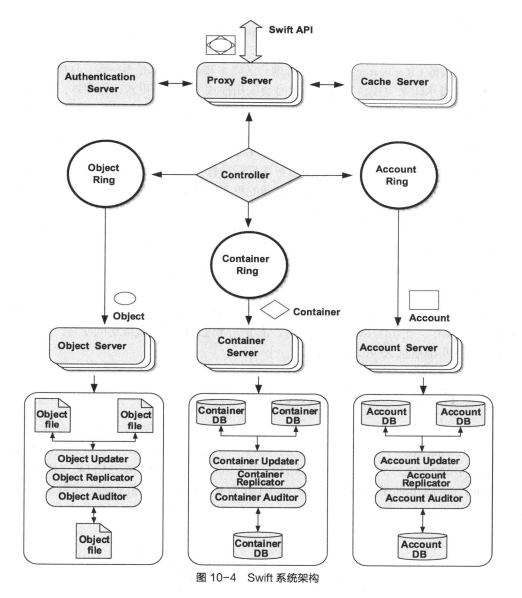

图 10-4　Swift 系统架构

（2）认证服务（Authentication Server）：验证访问用户的身份信息，并获得一个对象访问令牌（Token），在一定的时间内会一直有效，验证访问令牌的有效性并缓存下来直至过期时间。

（3）缓存服务（Cache Server）：缓存的内容包括对象服务令牌，账户和容器的存在信息，但不会缓存对象本身的数据；缓存服务可采用 Memcached 集群，Swift 会使用一致性散列算法来分配缓存地址。

（4）账户服务（Account Server）：提供账户元数据和统计信息，并维护所含容器列表的服务，每个账户的信息被存储在一个 SQLite 数据库中。

（5）容器服务（Container Server）：提供容器元数据和统计信息，并维护所含对象列表的服务，每个容器的信息也存储在一个 SQLite 数据库中。

（6）对象服务（Object Server）：提供对象元数据和内容服务，每个对象的内容会以文件的形式存储在文件系统中，元数据会作为文件属性来存储，建议采用支持扩展属性的 XFS 文件系统。

（7）复制服务（Replicator）：会检测本地分区副本和远程副本是否一致，具体是通过对比散列文件和高级水印来完成，发现不一致时会采用推式（Push）更新远程副本。例如对象复制服务会使用远程文件拷贝工具 rsync 来同步。另外一个任务是确保被标记删除的对象从文件系统中移除。

（8）更新服务（Updater）：当对象由于高负载的原因而无法立即更新时，任务将会被序列化到在本地文件系统中进行排队，以便服务恢复后进行异步更新。例如成功创建对象后容器服务器没有及时更新对象列表，这个时候容器的更新操作就会进入排队中，更新服务会在系统恢复正常后扫描队列并进行相应的更新处理。

（9）审计服务（Auditor）：检查对象、容器和账户的完整性，如果发现比特级的错误，文件将被隔离，并复制其他的副本以覆盖本地损坏的副本，其他类型的错误会被记录到日志中。

（10）账户清理服务（Account Reaper）：移除被标记为删除的账户，删除其所包含的所有容器和对象。

Swift 通过 Proxy Server 向外提供基于 HTTP 的 REST 服务接口，对账户、容器和对象进行 CRUD 等操作。在访问 Swift 服务之前，需要先通过认证服务获取访问令牌，然后在发送的请求中加入头部信息 X-Auth-Token。

10.3　任务一　Swift 安装部署

在 CentOS 系统安装部署 OpenStack Swift，需要下载相关软件，本任务使用的软件为 openstack-icehouse 版本，使用 4 台节点机，每台节点机上安装 CentOS-6.5-x86_64 系统，IP 地址分别为：192.168.23.111、192.168.23.112、192.168.23.113、192.168.23.114，对应节点主机名为：node1、node2、node3、node4，节点机 node1 作为 Keystone，节点机 node2 作为 Swift Proxy，节点机 node3 和 node4 作为 Swift Object Storage，如图 10-5 所示。本任务分为几个子任务来完成。

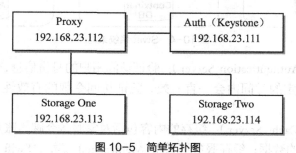

图 10-5　简单拓扑图

10.3.1　子任务 1 系统环境设置

【任务内容】

本子任务完成 4 台节点机的系统环境设置、安全设置，配置 hosts，配置 IP 地址，检查网络是否连通，安装 jdk 软件包。

【实施步骤】

（1）关闭 NetworkManager 服务，操作如下。

```
# service NetworkManager stop
# chkconfig NetworkManager off
```

（2）配置每台节点机的 IP 地址，测试其连通性。

（3）为了方便操作，每台节点机都关闭系统防火墙，关闭 selinux，操作如下。

```
# service iptables stop
# chkconfig iptables off
# setenforce permissive
# vi /etc/selinux/config
```

将 "/etc/selinux/config" 配置文件中 "SELINUX=enforcing" 改为 "SELINUX=disabled"。

（4）配置每台节点机的 hosts 文件，操作如下。

```
# vi /etc/hosts
```

内容如下：

```
127.0.0.1    localhost localhost.localdomain localhost4 localhost4.localdomain4
::1          localhost localhost.localdomain localhost6 localhost6.localdomain6
192.168.23.111 node1
192.168.23.112 node2
192.168.23.113 node3
192.168.23.114 node4
```

（5）Hadoop 是采用 Java 编写，每台节点机都需要安装 Java 的 JDK 软件包，操作如下。

```
# cd /media/CentOS_6.5_Final/Packages/
# rpm -ivh java-1.7.0-openjdk-devel-1.7.0.45-2.4.3.3.el6.x86_64.rpm
```

10.3.2　子任务 2　配置 yum 源

【任务内容】

本子任务在 node1 节点机上安装 VSFTP 服务器和 FTP 工具，下载 openstack-icehouse 软件包，搭建 yum 源，创建 repo 文件。

【实施步骤】

（1）下载软件包或者直接使用已下载好的软件包，下载网址如下。

```
https://repos.fedorapeople.org/repos/openstack/EOL/openstack-icehouse/epel-6/
http://dl.fedoraproject.org/pub/epel/6Server/x86_64/
```

（2）下载好的软件包直接拷贝到/opt 目录下，创建 repodata 信息，操作如下。

```
# createrepo -p -d -o /opt/openstack-icehouse /opt/openstack-icehouse
# createrepo -p -d -o /opt/epel /opt/epel
```

（3）登录 node1 节点机，安装 ftp 服务。

① 安装 vsftp 服务和 ftp 工具，操作如下。

```
# cd /media/CentOS_6.5_Final/Packages/
# rpm -ivh vsftpd-2.2.2-11.el6_4.1.x86_64.rpm
# rpm -ivh ftp-0.17-54.el6.x86_64.rpm
```

使用 scp 命令拷贝 ftp-0.17-54.el6.x86_64.rpm 到其他 3 台节点机，并安装。

② 修改配置文件 vsftpd.conf，操作如下。

```
# vi /etc/vsftpd/vsftpd.conf
```

在文件末尾添加内容如下。

```
anon_root=/opt
```

③ 启动 vsftpd 服务，操作如下。

```
# service vsftpd start
# chkconfig vsftpd on
```

④ 测试 ftp 服务，操作如下。

```
# ftp node1
```

默认用户是 ftp 或 anonymous，密码无。

（4）挂载 CentOS 镜像文件，操作如下。

```
# mkdir /opt/centos
# mount -o loop CentOS-6.5-x86_64-bin-DVD1.iso /opt/centos/
```

或

```
# mount /dev/cdrom /opt/centos/
```

（5）创建 repo 文件，操作如下。

```
# cd /etc/yum.repos.d/
# mkdir bak
# mv * bak
# vi local.repo
```

文件内容如下。

```
[centos]
name=centos
baseurl=ftp://node1/centos/
gpgcheck=0
enabled=1
[epel]
name=fedoraproject epel Repository
baseurl=ftp://node1/epel/
gpgcheck=0
enabled=1
[openstack-icehouse]
name=OpenStack Icehouse Repository
baseurl=ftp://node1/openstack-icehouse/
gpgcheck=0
enabled=1
```

其他 3 台节点机按此方法创建 repo 文件。

（6）yum 的测试，操作如下。

```
# yum list
```

10.3.3　子任务 3　安装配置 keystone 服务

Keystone（OpenStack Identity Service）是 OpenStack 框架中负责管理身份验证、服务规则和服务令牌功能的模块。用户访问资源需要验证用户的身份与权限，服务执行操作也需要进行权限检测，这些都需要通过 Keystone 来处理。

Keystone 中主要涉及如下几个概念：User、Tenant、Role、Token。

（1）User：顾名思义就是使用服务的用户，可以是人、服务或者是系统，只要是使用了 Openstack 服务的对象都可以称为用户。

（2）Tenant：租户，可以理解为一个人、项目或者组织拥有的资源的合集。在一个租户中可以拥有很多个用户，这些用户可以根据权限的划分使用租户中的资源。

（3）Role：角色，用于分配操作的权限。角色可以被指定给用户，使得该用户获得角色对应的操作权限。

（4）Token：指的是一串比特值或者字符串，用来作为访问资源的记号。Token 中含有可访问资源的范围和有效时间。

【任务内容】

本子任务在 node1 节点机上安装 Keystone（OpenStack Identity Service），创建数据库，添加租户、用户、角色，验证服务。

【实施步骤】

（1）MySQL 数据库。

① 登录 node1 节点机，安装 MySQL 数据库，操作如下。

```
# yum install mysql mysql-server MySQL-python
```

② 修改配置文件 my.cnf，修改默认字符集，操作如下。

```
# vi /etc/my.cnf
```

在文件内容[mysqld]下面增加一行。

```
character-set-server=utf8
```

在文件末尾添加如下两行。

```
[mysql]
default-character-set=utf8
```

③ 启动 MySQL 服务，并修改密码，操作如下。

```
# service mysqld start
# chkconfig mysqld on
# mysqladmin -uroot password 123456
# mysql -uroot -p123456
```

④ 初始化 MySQL，操作如下。

```
# mysql_install_db
# mysql_secure_installation
```

按 Enter 键确认后，设置如下。

```
Change the root password? [Y/n] n
Remove anonymous users? [Y/n] y
Disallow root login remotely? [Y/n] n
Remove test database and access to it? [Y/n] y
Reload privilege tables now? [Y/n] y
```

（2）安装 Keystone 认证服务，操作如下。

```
# yum upgrade
# yum install -y openstack-keystone python-keystoneclient openstack-utils
```

如果安装出现错误，是因为没有添加 epel 软件源，导致软件仓库的软包不匹配导致。解决办法如下。

```
yum install http://dl.fedoraproject.org/pub/epel/6Server/x86_64/epel-release-6-8.noarch.rpm
```

（3）创建 Keystone 数据库，操作如下。

```
# openstack-db --init --service keystone
```

或者通过手动创建 keystone 数据库，操作如下。

```
# mysql -u root -p123456
mysql> create database keystone;
mysql> grant all on keystone.* to keystone@'%' identified by 'keystone';
mysql> grant all on keystone.* to keystone@'localhost' identified by 'keystone';
mysql> quit
```

（4）配置 keyston.conf 文件，操作如下。

```
# vi /etc/keystone/keystone.conf
```

在[database]段中，配置数据库访问连接，如下所示。

```
[database]
connection=mysql://keystone:keystone@node1/keystone
```

在[DEFAULT]段中，配置管理员令牌，如下所示。

```
[DEFAULT]
admin_token=a3638322921116ece8c5
```

admin_token 参数是用来访问 Keystone 服务的，即 Keystone 服务的 Token，默认为 admin。客户端可以使用该 Token 访问 Keystone 服务、查看信息、创建其他服务等。上面的值是随机产生的。Token 的值由如下命令产生。

```
# openssl rand -hex 10
```

（5）同步 Keystone 数据库，操作如下。

```
# su -s /bin/sh -c "keystone-manage db_sync" keystone
```

（6）KeyStone 使用 PKI 令牌，创建签名密钥和证书，操作如下。

```
# keystone-manage pki_setup --keystone-user keystone --keystone-group \
keystone
# chown -R keystone:keystone /etc/keystone/ssl
# chmod -R o-rwx /etc/keystone/ssl
```

（7）启动 Keystone 服务，操作如下。

```
# service openstack-keystone start
# chkconfig openstack-keystone on
```

（8）导入环境变量。

为了访问 Keystone 服务，客户端需要导入环境变量，当然也可以选择在执行访问 Keystone 的命令时加上相关参数。本环境 Keystone 客户端与服务端处在同一台节点机上。导入环境变量的方式有两种。

① 在终端使用 export 命令。

```
# export OS_SERVICE_TOKEN=a3638322921116ece8c5
# export OS_SERVICE_ENDPOINT=http://node1:35357/v2.0
```

OS_SERVICE_ENDPOINT 是 Keystone 的 Endpoint，即 API 入口。其中，node1 为安装 Keystone 服务的节点机名，"35357"为 Keystone 提供的认证授权和系统管理服务监听的端口（通常为内网），用户需要访问该端口来进行管理员操作，如创建删除 Tenant、User、Role、Service、Endpoint 等。OS_SERVICE_TOKEN 就是 Keystone 服务的 Token。

② 修改~/.bashrc 文件，在文件尾部添加如下内容。

```
export OS_SERVICE_TOKEN=a3638322921116ece8c5
export OS_SERVICE_ENDPOINT=http://node1:35357/v2.0
```

（9）清除失效令牌和 log 文件。

```
# (crontab -l -u keystone 2>&1 | grep -q token_flush) || \
echo '@hourly /usr/bin/keystone-manage token_flush >/var/log/keystone/
keystone-tokenflush.log 2>&1' >> /var/spool/cron/keystone
```

（10）定义用户、角色、租户和服务。

① 创建用户 admin、demo 和 swift，操作如下。

```
# keystone user-create --name=admin --pass=123456
# keystone user-create --name=demo --pass=123456
# keystone user-create --name=swift --pass=123456
```

② 创建角色 admin 和 SwiftOperator，操作如下。

```
# keystone role-create --name=admin
# keystone role-create --name=SwiftOperator
```

③ 创建租户 admin、demo 和 service，操作如下。

```
# keystone tenant-create --name=admin --description="Admin Tenant"
# keystone tenant-create --name=demo --description="Demo Tenant"
# keystone tenant-create --name=service --description="Service Tenant"
```

④ 将角色和用户关联，操作如下。

```
# keystone user-role-add --user=admin --tenant=admin --role=admin
# keystone user-role-add --user=admin --role=_member_ --tenant=admin
# keystone user-role-add --user=demo --role=_member_ --tenant=demo
# keystone user-role-add --user=swift --tenant=service --role=admin
# keystone user-role-add --user=swift --tenant=service --role=SwiftOperator
```

（11）创建服务端点。

① 创建服务 identity 和 object-store，操作如下。

```
# keystone service-create --name=keystone --type=identity \
--description="OpenStack Identity"
# keystone service-create --name=swift --type=object-store \
--description="OpenStack Object Storage"
```

② 创建 API Endpoint，操作如下。

```
# keystone endpoint-create \
--service-id=$(keystone service-list | awk '/ identity / {print $2}') \
--publicurl=http://node1:5000/v2.0 \
--internalurl=http://node1:5000/v2.0 \
--adminurl=http://node1:35357/v2.0
# keystone endpoint-create \
--service-id=$(keystone service-list | awk '/ object-store /{print $2}') \
--publicurl="http://node2:8080/v2/AUTH_%(tenant_id)s" \
--internalurl="http:/node2:8080/v2/AUTH_%(tenant_id)s" \
--adminurl="http://node2:8080/v2/AUTH_%(tenant_id)s"
```

（12）查看添加的各项内容。

```
# keystone user-list
# keystone tenant-list
# keystone role-list
# keystone service-list
# keystone endpoint-list
```

（13）检验 Keystone 的安装。

① 清除环境变量，操作如下。

```
# unset OS_SERVICE_TOKEN OS_SERVICE_ENDPOINT
```

② 通过 endpoint 的 admin 用户和密码检查令牌，操作如下。

```
# keystone --os-username=admin --os-password=123456 \
--os-auth-url=http://node1:35357/v2.0 token-get
```

如果正确，则会返回用户 ID 号。

③ 创建/root/admin-openrc.sh 环境变量文件，内容如下。

```
export OS_USERNAME=admin
export OS_PASSWORD=123456
export OS_TENANT_NAME=admin
export OS_AUTH_URL=http://node1:35357/v2.0
```

④ Source 这个文件读取环境变量，通过环境变量检查令牌，操作如下。

```
# source /root/admin-openrc.sh
# keystone token-get
```

如果正确，则返回令牌和 ID 号。如果不加载 admin-openrc.sh 中的环境变量，则显示如下。

```
Expecting an auth URL via either --os-auth-url or env[OS_AUTH_URL]
```

⑤ 查看用户列表。

```
# keystone user-list                                        #使用环变量访问
#  keystone --os-tenant-name=admin --os-username=admin \
--os-password=123456 --os-auth-url=http://node1:35357/v2.0 \
user-list                                                   #使用用户密码访问
# keystone --os-token a3638322921116ece8c5 \
--os-endpoint http://node1:35357/v2.0 user-list             #使用令牌访问
```

（14）使用 curl 命令测试。

使用 User 的用户名和密码来访问 Keystone，获取用于访问 Tenant 的 Token。使用 curl 命令来访问 Keyston 以获取授权，该命令需要给定四个参数，即 tenantName（租户名）、username（用户名）、password（用户密码）以及认证授权申请地址（http://node1:35357/v2.0/tokens 或 http://node1:5000/v2.0/tokens 都可以）。此外，返回信息会以 json 格式展现。测试命令如下。

① 获取版本号。

```
# curl http://node1:5000/ | python -mjson.tool               #业务端口
# curl http://node1:35357/ | python -mjson.tool              #管理端口
```

② 获得 api 扩展。

```
# curl http://node1:5000/v2.0/extensions | python -mjson.tool
```

③ 获得 tokens。

```
# curl -d '
{"auth": {"tenantName": "service",
"passwordCredentials": {"username": "swift",
"password": "123456"}}}' \
-H "Content-type: application/json" \
http://node1:5000/v2.0/tokens
```

10.3.4　子任务 4　安装配置 proxy 节点

【任务内容】

代理节点负责转送来自客户端的服务请求到合适的存储点，并提供 TempAuth 身份认证服务。本子任务在 node2 节点机安装 swift-proxy，代理节点需要 python-keyston 使用 Keystone

身份验证服务，python-swiftclient 是 Swift 的命令行工具，memcached 是缓存服务器。

【实施步骤】

（1）创建配置文件 swift.conf，操作如下。

```
# mkdir -p /etc/swift
# vi /etc/swift/swift.conf
```

修改内容如下。

```
[swift-hash]
# random unique string that can never change (DO NOT LOSE)
swift_hash_path_prefix = 0www_swvtc_cn123
swift_hash_path_suffix = 0gdswptlixieshi0
```

其中，"="右边的值可以随机产生的，4 台节点机的配置都相同，产生的命令如下。

```
# od -t x8 -N 8 -A n </dev/random
```

其他 3 台节点机也需要创建此配置文件 swift.conf，操作相同。

（2）安装软件包，操作如下。

```
# yum upgrade
# yum install openstack-swift-proxy memcached python-swiftclient \
pythonkeystone-auth-token
```

（3）设置 memcache 服务。

① 修改/etc/sysconfig/memcached，操作如下。

```
# vi /etc/sysconfig/memcached
```

② 修改/etc/sysconfig/memcached，内容如下。

```
OPTIONS="-1 192.168.23.112"
```

③ 启动 memcached 服务，操作如下。

```
# service memcached start
# chkconfig memcached on
```

（4）编辑/etc/swift/proxy-server.conf，内容如下。

```
[DEFAULT]
bind_port = 8080
workers = 8
user = swift
log_name = proxy
log_level = DEBUG
log_facility = LOG_LOCAL0
[pipeline:main]
pipeline = healthcheck cache authtoken keystone proxy-server
[app:proxy-server]
use = egg:swift#proxy
allow_account_management = true
account_autocreate = true
[filter:cache]
use = egg:swift#memcache
memcache_servers = node2:11211
[filter:catch_errors]
use = egg:swift#catch_errors
[filter:healthcheck]
use = egg:swift#healthcheck
[filter:healthcheck]
use = egg:swift#healthcheck
[filter:keystone]
use = egg:swift#keystoneauth
operator_roles = admin, SwiftOperator,_member_
```

```
is_admin = true
cache = swift.cache
[filter:authtoken]
paste.filter_factory =
keystoneclient.middleware.auth_token:filter_factory
admin_tenant_name = service
admin_user = swift
admin_password = 123456
auth_host = node1
auth_port = 35357
auth_protocol = http
service_port = 5000
service_host = 192.168.23.111
signing_dir = /tmp/keystone-signing-swift
admin_token = a3638322921116ece8c5
```

（5）创建 ring 的 builder 文件。

① 账号（account）、容器（container）和对象（object），操作如下。

```
# cd /etc/swift
# swift-ring-builder account.builder create 9 2 1
# swift-ring-builder container.builder create 9 2 1
# swift-ring-builder object.builder create 9 2 1
```

这里的 9 表示 2 的 9 次方，确定虚节点的个数（计算方法是：假定整个系统有 3 块硬盘，经验值硬盘数的 100 倍命中率比较高，最好的虚节点数为 300，换成 2 的 n 次方，因为 $2^8<300<2^9$，所以取 9），2 表示每个对象有 2 个副本（增加存储设备时，必须至少增加 3 个区域 zone）。1 表示最少移动间隔为 1 小时，在该时间内不会移动存储块。

② 为每个节点存储设备 Ring 添加条目，操作如下。

```
# swift-ring-builder account.builder add z1-192.168.23.113:6002/sdb1 100
# swift-ring-builder account.builder add z1-192.168.23.114:6002/sdb1 100
# swift-ring-builder container.builder add z1-192.168.23.113:6001/sdb1 100
# swift-ring-builder container.builder add z1-192.168.23.114:6001/sdb1 100
# swift-ring-builder object.builder add z1-192.168.23.113:6000/sdb1 100
# swift-ring-builder object.builder add z1-192.168.23.114:6000/sdb1 100
```

这里最后参数 100 代表的是每个 zone 的权重。因为每个 device 的容量大小一样，所以选择相同的权重。

③ 校验每个环的内容，操作如下。

```
# swift-ring-builder account.builder
# swift-ring-builder container.builder
# swift-ring-builder object.builder
```

④ 对账号、容器和对象的环进行平衡，操作如下。

```
# swift-ring-builder account.builder rebalance
# swift-ring-builder container.builder rebalance
# swift-ring-builder object.builder rebalance
```

（6）创建和修改相关配置文件。

```
# echo "local0.* /var/log/swift/storage1.log" \
>>/etc/rsyslog.d/10-swift.conf
# mkdir -p /var/log/swift
# chown -R swift:swift /var/log/swift
# chown -R swift:swift /etc/swift
```

（7）复制配置文件到每个存储节点，操作如下。

```
# scp /etc/swift/*.ring.gz node3:/etc/swift
# scp /etc/swift/*.ring.gz node4:/etc/swift
```

（8）等待存储节点机各服务启动后再启动 proxy 服务，操作如下。

```
# chkconfig openstack-swift-proxy on
# chkconfig memcached on
# chkconfig rsyslog on
# swift-init proxy restart
# service memcached restart
# service rsyslog restart
```

10.3.5　子任务 5　安装配置存储节点

【任务内容】

本子任务在 node3 和 node4 节点机安装配置 Openstack Object Storage 服务（swift），2 台节点，安装一样，配置一样。

【实施步骤】

（1）分别登录 node3 和 node4 节点机，安装存储节点软件包，操作如下。

```
# yum upgrade
# yum install openstack-swift-account openstack-swift-container \
openstack-swift-object xfsprogs xinetd
```

Swift 是云存储系统的核心模块，swift-account、swift-container 和 swift-object 分别实现对账号、容器以及对象的管理，xfsprogs 是一个 XFS 文件系统的管理和查错包。Rsync 是一个快速增量文件传输工具，它可以用于在同一主机备份内部的备份，还可以把它作为不同主机网络备份工具之用。

（2）存储节点的设置。

存储节点需要设置用来存储数据的存储点或磁盘分区。设置磁盘分区操作如下（磁盘分区 sdb1 已存在，当然也可以是其他分区）。

```
# fdisk /dev/sdb
# mkfs.xfs -i size=1024 -f /dev/sdb1        # 以 xfs 方式格式化分区
# echo "/dev/sdb1 /srv/node/sdb1 xfs noatime,nodiratime,nobarrier,logbufs=
8 0 0" >> /etc/fstab
# mkdir -p /srv/node/sdb1
# mount /srv/node/sdb1
# chown -R swift:swift /srv/node
```

（3）创建/etc/rsyncd.conf 文件，内容如下。

```
uid = swift
gid = swift
log file = /var/log/rsyncd.log
pid file = /var/run/rsyncd.pid
address = 192.168.23.113                    # 指定本机的 ip 地址，不同节点机 ip 不同
[account]
max connections = 2
path = /srv/node/
read only = false
lock file = /var/lock/account.lock
[container]
max connections = 2
path = /srv/node/
read only = false
lock file = /var/lock/container.lock
[object]
max connections = 2
path = /srv/node/
read only = false
lock file = /var/lock/object.lock
```

（4）修改/etc/xinetd.d/rsync 配置文件，并重启服务，操作如下。

```
# sed -i 's/yes/no/' /etc/xinetd.d/rsync
# sed -i 's/IPv6/IPv4/' /etc/xinetd.d/rsync
# service xinetd restart
# chkconfig xinetd on
```

（5）创建 swift recon 缓存目录，并设置属性，操作如下。

```
# mkdir -p /var/swift/recon
# chown -R swift:swift /var/swift
```

（6）创建配置文件。

① 创建/etc/swift/account-server.conf 配置文件，内容如下。

```
[DEFAULT]
bind_ip = 192.168.23.113                    # 指定本机的 ip 地址，不同节点机 ip 不同
bind_port = 6002
workers = 2
user = swift
devices = /srv/node
mount_check = false
log_name = swift-account
log_facility = LOG_LOCAL1
log_level = DEBUG
[pipeline:main]
pipeline = account-server
[app:account-server]
use = egg:swift#account
[account-replicator]
vm_test_mode = no
[account-auditor]
[account-reaper]
```

② 创建/etc/swift/container-server.conf 配置文件，内容如下。

```
[DEFAULT]
bind_ip = 192.168.23.113                    # 指定本机的 ip 地址，不同节点机 ip 不同
bind_port = 6001
workers = 2
user = swift
devices = /srv/node
mount_check = false
log_name = swift-container
log_facility = LOG_LOCAL1
log_level = DEBUG
[pipeline:main]
pipeline = container-server
[app:container-server]
use = egg:swift#container
[container-replicator]
vm_test_mode = no
[container-updater]
[container-auditor]
```

③ 创建/etc/swift/object-server.conf 配置文件，内容如下。

```
[DEFAULT]
bind_ip = 192.168.23.113                    # 指定本机的 ip 地址，不同节点机 ip 不同
bind_port = 6000
workers = 2
user = swift
devices = /srv/node/
```

```
mount_check = false
log_name = swift-object
[pipeline:main]
pipeline = object-server
[app:object-server]
use = egg:swift#object
[object-replicator]
vm_test_mode = no
[object-updater]
[object-auditor]
```

④ 移动配置文件，操作如下。

```
# mv /etc/swift/account-server.conf /etc/swift/account-server/1.conf
# mv /etc/swift/container-server.conf /etc/swift/container-server/1.conf
# mv /etc/swift/object-server.conf /etc/swift/object-server/1.conf
```

（7）创建和修改相关配置文件。

```
# echo "local1.* /var/log/swift/storage1.log" \
>>/etc/rsyslog.d/10-swift.conf
# mkdir -p /var/log/swift
# chown -R swift:swift /var/log/swift
# service rsyslog restart
# chkconfig rsyslog on
# chown -R swift:swift /var/swift
# chown -R swift:swift /var/cache/swift
```

（8）启动存储节点服务。

① 分别登录 node3 和 node4 节点机，设置开机启动服务，操作如下。

```
# for service in \
openstack-swift-object openstack-swift-object-replicator \
openstack-swift-object-updater openstack-swift-object-auditor \
openstack-swift-container openstack-swift-container-replicator \
openstack-swift-container-updater openstack-swift-container-auditor \
openstack-swift-account openstack-swift-account-replicator \
openstack-swift-account-reaper openstack-swift-account-auditor; \
do chkconfig $service on; done
```

② 启动服务，操作如下。

```
# swift-init object-server restart
# swift-init object-replicator restart
# swift-init object-updater restart
# swift-init object-auditor restart
# swift-init container-server restart
# swift-init container-replicator restart
# swift-init container-updater restart
# swift-init container-auditor restart
# swift-init account-server restart
# swift-init account-replicator restart
# swift-init account-auditor restart
```

也可以使用如下操作。

```
# swift-init all start
```

这些服务启动后，登录 node2 节点机启动 proxy 服务。

（9）检验安装系统。

① 登录 node2 节点机，编辑环境变量，操作如下。

```
# vi /root/swift-openrc.sh
```

内容如下。

```
export OS_USERNAME=swift
export OS_PASSWORD=123456
export OS_TENANT_NAME=service
export OS_AUTH_URL=http://node1:5000/v2.0
```

② 查询 swift 状态，操作如下。

```
# swift --os-username=swift --os-tenant-name=service \
--os-password=123456 --os-auth-url=http://192.168.23.111:5000/v2.0 stat
或者
# source /root/swift-openrc.sh
# swift stat
```

③ 创建本地文件 test1.txt 和文件 test2.txt，并上传，操作如下。

```
# swift upload myfiles test1.txt
# swift upload myfiles test2.txt
```

④ 下载文件，操作如下。

```
# swift download myfiles
```

10.4 任务二 jclouds-swift 编程

Curl 工具通过 http 来访问 Swift，程序员可以编写 http 客户端程序访问 Swift，但过于烦琐。Swift 开源的语言包为用户提供了各种语言的一个高级接口，隐藏掉细节部分，从而大大减轻程序员的工作量。jclouds 是一个开源的 Java 类库，用来帮你开发云计算应用，并可重用已有的 Java 和 Clojure 技能。该 API 提供云计算环境的可移植抽象层以及云规范特性，支持包括 Amazon、VMWare、Azure、Rackspace 等云计算平台。其中针对 OpenStack，目前支持 Nova、cinder、glance、Neutron、Keystone、swift 等 API 接口，但是不支持 Ceilometer 的 API 接口。

【任务内容】

本子任务在 node2 节点机上，使用 eclipse 工具开发 jclouds-swift 程序，实现 object 文件上传，获取 container 相关信息。

【实施步骤】

（1）开发环境 Eclipse 的搭建。

① 上传 eclipse-java-kepler-SR2-linux-gtk-x86_64.tar.gz 到 node2 节点机/root 目录下。

② 登录 node2 节点机，解压开发包到/usr/local 目录下，操作如下。

```
# cd /usr/local
# tar xzvf /root/eclipse-java-kepler-SR2-linux-gtk- x86_64.tar.gz
```

③ 登录图形界面，打开终端命令行窗口，输入命令，操作如下。

```
# /usr/local/eclipse/eclipse &
```

④ 执行命令后，输入工作目录，单击 OK 后，显示 Eclipse 开发界面，如图 10-6 所示。

（2）打开 eclipse，单击 New—>Other，选择 Mave Project，如图 10-7 所示。

图 10-6　Eclipse 开发界面

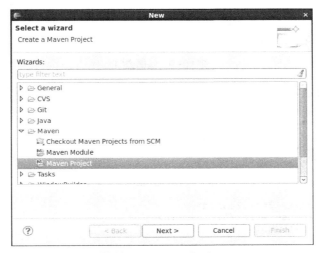

图 10-7　Maven Project

（3）按提示单击"Next"按钮下一步，在 New Maven Project 对话框中输入内容，如图 10-8 所示。

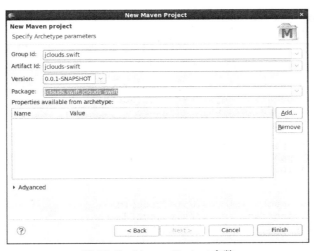

图 10-8　Maven Project 参数

（4）单击"Finish"按钮后，显示编辑窗口，编辑 pom.xml 文件，如图 10-9 所示。

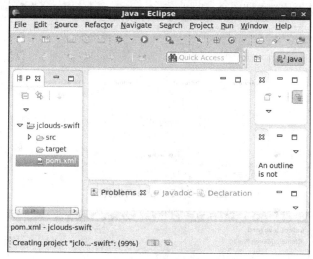

图 10-9　编辑窗口

pom.xml 文件内容如下。

```xml
<project xmlns="http://maven.apache.org/POM/4.0.0"
xmlns:xsi="http://www.w3.org/2001/XMLSchema-instance"
xsi:schemaLocation="http://maven.apache.org/POM/4.0.0
http://maven.apache.org/xsd/maven-4.0.0.xsd">
  <modelVersion>4.0.0</modelVersion>
  <properties>
    <jclouds.version>1.9.2</jclouds.version>
  </properties>
  <groupId>jclouds.swift</groupId>
  <artifactId>jclouds-swift</artifactId>
  <version>0.0.0-SNAPSHOT</version>
  <dependencies>
    <!-- jclouds dependencies -->
    <dependency>
      <groupId>org.apache.jclouds.driver</groupId>
      <artifactId>jclouds-slf4j</artifactId>
      <version>${jclouds.version}</version>
    </dependency>
    <dependency>
      <groupId>org.apache.jclouds.driver</groupId>
      <artifactId>jclouds-sshj</artifactId>
      <version>${jclouds.version}</version>
    </dependency>
    <!-- jclouds OpenStack dependencies -->
    <dependency>
      <groupId>org.apache.jclouds.api</groupId>
      <artifactId>openstack-keystone</artifactId>
      <version>${jclouds.version}</version>
    </dependency>
    <dependency>
      <groupId>org.apache.jclouds.api</groupId>
      <artifactId>openstack-nova</artifactId>
      <version>${jclouds.version}</version>
    </dependency>
    <dependency>
      <groupId>org.apache.jclouds.api</groupId>
      <artifactId>openstack-swift</artifactId>
      <version>${jclouds.version}</version>
    </dependency>
    <dependency>
      <groupId>mysql</groupId>
```

```
      <artifactId>mysql-connector-java</artifactId>
      <version>5.1.25</version>
    </dependency>
  </dependencies>
</project>
```

（5）单击"Finish"按钮后，右击"jclouds-swift"，"Maven->Update Project"，打开 Update Maven Project 对话框，如图 10-10 所示。单击"OK"按钮后，Eclipse 会根据 pom.xml 文件从 maven 库中心下载依赖包。

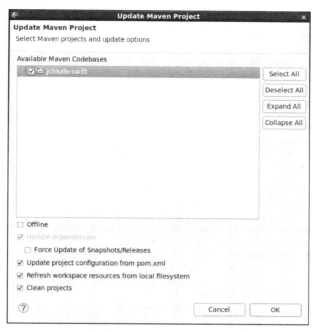

图 10-10　Update Maven Project

（6）Maven 项目创建完成后，Eclipse 会生成初始目录，如图 10-11 所示。

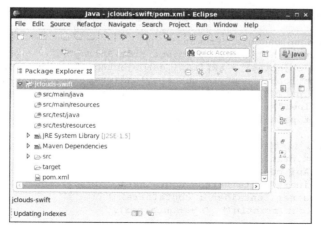

图 10-11　新建类

其中 src/main/java 下面是主要代码，/src/test/java 下面是测试代码，在主代码区创建 JCloudsSwift.java 类文件，代码如下。

```java
import com.google.common.collect.ImmutableMap;
......
import static org.jclouds.io.Payloads.newByteSourcePayload;
public class JCloudsSwift implements Closeable {
   public static final String CONTAINER_NAME = "jclouds-example";
   public static final String OBJECT_NAME = "jclouds-example.txt";
   private SwiftApi swiftApi;
   public static void main(String[] args) throws IOException {
      JCloudsSwift jcloudsSwift = new JCloudsSwift();
      try {
         jcloudsSwift.createContainer();
         jcloudsSwift.uploadObjectFromString();
         jcloudsSwift.listContainers();
         jcloudsSwift.close();
      } catch (Exception e) {
         e.printStackTrace();
      } finally {
         jcloudsSwift.close();
      }
   }
   public JCloudsSwift() {
      Iterable<Module> modules = ImmutableSet.<Module>of(
            new SLF4JLoggingModule());
      String provider = "openstack-swift";
      String identity = "service:swift"; // tenantName:userName
      String credential = "123456";
      swiftApi = ContextBuilder.newBuilder(provider)
            .endpoint("http://192.168.23.111:5000/v2.0/")
            .credentials(identity, credential)
            .modules(modules)
            .buildApi(SwiftApi.class);
   }
   private void createContainer() {
      System.out.println("Create Container");
      ContainerApi containerApi = swiftApi.getContainerApi("regionOne");
      CreateContainerOptions options = CreateContainerOptions.Builder
            .metadata(ImmutableMap.of(
                  "key1", "value1",
                  "key2", "value2"));
      containerApi.create(CONTAINER_NAME, options);
      System.out.println("   " + CONTAINER_NAME);
   }
   private void uploadObjectFromString() {
      System.out.println("Upload Object From String");
      ObjectApi objectApi = swiftApi.getObjectApi("regionOne", CONTAINER_NAME);
      Payload payload = newByteSourcePayload(wrap("Hello World".getBytes()));
      objectApi.put(OBJECT_NAME, payload, PutOptions.Builder.metadata(ImmutableMap.
of("key1", "value1")));
      System.out.println("   " + OBJECT_NAME);
   }
   private void listContainers() {
      System.out.println("List Containers");
      ContainerApi containerApi = swiftApi.getContainerApi("regionOne");
      Set<Container> containers = containerApi.list().toSet();
      for (Container container : containers) {
         System.out.println("   " + container);
      }
   }
   public void close() throws IOException {
      Closeables.close(swiftApi, true);
   }
}
```

（7）单击"运行"按钮后，运行结果如图 10-12 所示。

图 10-12　运行结果

使用 Swift 命令查看结果如下。

```
# swift list jclouds-example
jclouds-example.txt
```

练习题

1. 什么是云存储？

2. 云存储可分为_____、_____和_____三类。

3. 云存储的优势有哪些？

4. 什么是对象存储系统？

5. CAP 理论的核心是什么？

6. 按照 CAP 理论，Swift 降低了_____，从而提高了_____和_____。

7. Swift 是基于_____，通过计算可将_____均匀分布到虚拟空间的_____。

8. 环（Ring）的数据结构是什么？请画图说明。

9. Swift 采用_____模型，共设_____、_____和_____三层逻辑结构。

10. Swift 采用完全对称、面向资源的分布式系统架构设计，所有组件都可扩展，其组件包括_____、_____、_____、_____和_____等。

11. Keystone 在 OpenStack 框架中负责管理_____、_____和_____。

12. 动手搭建 Swift 云存储系统。

参 考 文 献

[1] 王鹏，黄焱，安俊秀等. 云计算与大数据技术技术[M]. 北京：人民邮电出版社，2014.

[2] 唐国纯. 云计算及应用[M]. 北京：清华大学出版社，2015.

[3] 李国杰，程学旗. 大数据研究：未来科技及经济社会发展的重大战略领域——大数据的研究现状与科学思考[J]. 中国科学院院刊，2012(6)：647-657.

[4] 陈国良，吴俊敏，章锋等. 并行计算机体系结构[M]. 北京：高等教育出版社，2002.

[5] 王鹏. 云计算的关键技术与应用实例[M]. 北京：人民邮电出版社，2010.

[6] Calheiros R N, Ranjan R, Beloglazov A, et al. CloudSim: a toolkit for modeling and simulation of cloud computing environments and evaluation of resource provisioning algorithms[J]. Software: Practice and Experience, 2011, 41（1）: 23-50.

[7] 孟小峰，慈祥. 大数据管理：概念，技术与挑战[J]. 计算机研究与发展，2013, 50(1): 146-169.

[8] Hey T, Tansley S, Tolle K. The fourth paradigm: data-intensive scientific discovery[J]. General Collection，2009, 317（8）:1.

[9] 中国大数据技术与产业大发展白皮书[R]. 中国计算机学会，2013.

[10] 李俊杰，石慧，谢志明等. 云计算和大数据技术实战[M]. 北京：人民邮电出版社，2015.

[11] 陈志涛，张宇辉，朱义勇等. 网络操作系统 Linux 管理与配置[M]. 广州：华南理工大学出版社，2013.

[12] 武志学，赵阳，马超英. 云存储系统——Swift 的原理、架构及实践[M]. 北京：人民邮电出版社，2015.

[13] 张子凡. OpenStack 部署实践[M]. 北京：人民邮电出版社，2016.